蔬 食 主 義

名 店 主 廚 的 100 道 蔬 食 盛 宴

LaVie⁺麥浩斯

CONTENTS

涼菜 COLD DISHES

米食 RICE

麵食 NOODLES

熱菜 Hot Dishes

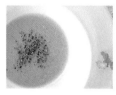

湯品 SOUP

點心 DESSERT

用平民食材搭出感動味蕾的料理

表面光滑的小黃瓜比帶刺疣的新鮮？青花椰菜可抗癌，卻有惱人的苦澀味？本書精挑細選出幾種日常生活中常見的蔬菜，告訴你如何挑選這些蔬菜、並介紹書中有哪些美味料理能讓這些常見季節食材派上用場，讓吃蔬食成為動人的饗宴。

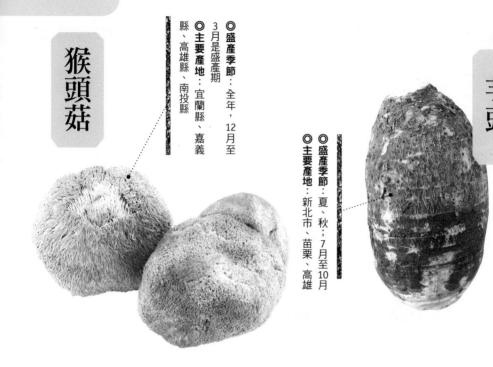

猴頭菇

◎ **盛產季節**：全年，12月至3月是盛產期
◎ **主要產地**：宜蘭縣、嘉義縣、高雄縣、南投縣

芋頭

◎ **盛產季節**：夏、秋，7月至10月
◎ **主要產地**：新北市、苗栗、高雄

猴頭菇 挑選要訣

▶ **蕈傘部分不能變黑**
有變黑現象，代表猴頭菇已經變質了。

▶ **蕈傘需介於白色至澄黃之間，同時需注意不能有壓傷的狀況**
新鮮的猴頭菇應呈現淡淡的黃色。蕈傘上如果有壓傷，可能是運送或上架過程中有問題。

▶ **觀察外型，以渾圓飽滿為宜**
現在的菇類種植多有一定品質，很難買到品質不佳的猴頭菇，但是在挑選時，仍以個頭渾圓飽滿者為宜，吃起來的口感會比較好。

蔬食良伴

新鮮猴頭菇個頭渾圓飽滿，細嫩肉質咀嚼起來近似肉類，因此在蔬食料理中經常用來做為取代肉的食材。如果你經常苦於除了拌炒之外不知如何料理猴頭菇，本書的宮保猴頭菇（頁150）、三杯猴頭菇（頁148）都是能讓你連吃三碗飯的下飯佳餚。

芋頭 挑選要訣

▶ **選擇帶有泥土的**
表示剛出土不久，比較新鮮，而且要盡量乾燥比較耐放，同時注意不要選形體歪七扭八的，會比較好削皮處理。

▶ **選體積小的**
形體較小的芋頭吃起來口感會比較嫩。

▶ **要結實有重量感**
較重且外表沒有凹洞或損傷的芋頭，品質較好。

蔬食良伴

芋頭含有助腸胃蠕動的膳食纖維，所含大量澱粉和蛋白質則易產生飽足感，其細緻綿密的口感常被用來當作甜品。本書點心類食譜中，有一道黑糖蜜芋佐春雨（頁198），試著動手作，你會發現這道精緻甜品背後的靈魂來自台灣古早味的黑糖剉冰。

小黃瓜

◎盛產季節：全年，11月至3月是盛產期
◎主要產地：台中縣、南投縣、嘉義縣

杏鮑菇

◎盛產季節：春、夏、秋；4～11月
◎主要產地：苗栗、台中、南投、台南、花蓮

小黃瓜 挑選要訣

▶**帶有花蒂**
尾端帶有花蒂表示較新鮮，因為距離採摘時間越長，花蒂就會漸漸枯萎、脫落。

▶**外皮濃綠且有刺疣**
表示生長狀況良好，新鮮度夠！

▶**瓜體飽滿**
觸摸起來比較飽滿硬實且有重量感，表示瓜肉水分含量充足。

蔬食良伴

小黃瓜水分佔比多、含有鉀、維他命C、纖維質等蔬菜，可清熱解暑，又和葉菜類有不同口感，天熱食用最適合，因此常被當作沙拉、豆腐等涼菜類食材，本書使用到小黃瓜的食材包括和風黑芝麻豆腐（頁56）、花園鮮蔬沙拉（頁41）、泰式椒麻積（頁60）。

杏鮑菇 挑選要訣

▶**不能有壓傷**
好的杏鮑菇整體看來挺立且富有彈性，不會出現壓傷的痕跡。

▶**蕈傘不能有破碎的現象**
破裂的蕈傘可能在運送過程有碰撞，不要購買。

▶**整體必須潔白完整，不能有變黃的現象**
變黃的杏鮑菇已經不新鮮了。

蔬食良伴

杏鮑菇質地細緻，肥厚軟嫩近似肉類，因此常被用來當作蔬食的食材，但是除了簡易拌炒外，你是否苦於杏鮑菇味道過於單一呢？本書中的絲綢野菇時蔬沙拉（頁38）有個獨家祕訣要告訴你，只要利用一種常見的食材，就能讓杏鮑菇吃起來有海味！

青花椰菜

◎盛產季節：秋、
冬、春；11～4月
◎主要產地：嘉義、
彰化、雲林

◎盛產季節：春、夏、
秋；5月至11月
◎主要產地：台中、彰
化、高雄、屏東

苦瓜

青花椰菜 挑選要訣

▶**顏色越深越好**
顏色越濃綠，表示日照充足，營養價值也越高。

▶**花蕾越細越好**
花蕾越細而且沒有變黃或黑點，表示鮮度較佳。

▶**菜莖底部要鮮綠**
新鮮青花椰菜的菜莖底部應該是淡綠色帶白，不
會有變黃、發黑或太乾燥的狀況。

蔬食良伴

青花椰菜屬於十字花科，因其低熱量、高纖維、
高維他命C，營養豐富。但青花椰菜若單純汆
燙，難脫青菜味，因此本書中食譜中的蟹黃雙椰
（頁127），將教你如何用蟹黃醬讓單調青花椰
變成下飯熱菜。

苦瓜 挑選要訣

▶**果瘤飽滿厚實**
果瘤體積大且結實不鬆軟，代表品質比較好。

▶**保有翠綠果梗**
仍帶有果梗的苦瓜表示剛採摘不久，會比較
新鮮。

▶**表面光滑無損傷**
損傷的外皮容易導致瓜肉腐爛，如果部份顆粒有
轉橘紅色，表示過熟，口感會比較不好。

蔬食良伴

苦瓜偏寒涼，特殊的苦味人人接受程度不一。但
你知道嗎？除了常見的鹹蛋炒苦瓜，苦瓜還能做
成蛋皮捲！宜蘭麟 Link 的手創料理的師傅邱清
澤就利用苦瓜可切成薄片的特性，冰鎮去苦味、
包進蛋中，成為一道清爽的苦瓜生菜蛋皮捲
（頁48）。

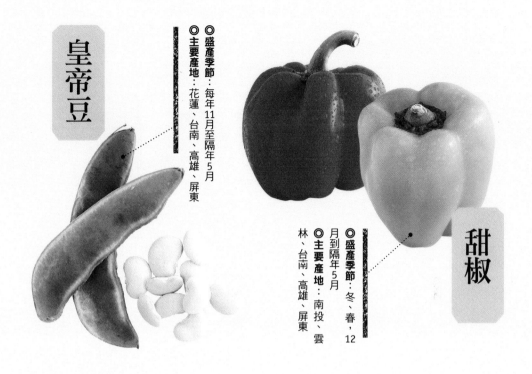

皇帝豆

◎盛產季節：每年11月至隔年5月
◎主要產地：花蓮、台南、高雄、屏東

甜椒

◎盛產季節：冬、春，12月到隔年5月
◎主要產地：南投、雲林、台南、高雄、屏東

皇帝豆 挑選要訣

▶挑選豆莢形狀完整、挺直的皇帝豆

豆莢的外型應該是完整、翠綠、挺直的，這樣才是好吃的皇帝豆。

▶豆莢按起來必須是硬的

如果豆莢按起來軟軟的，那皇帝豆就已經不新鮮，滋味大打折扣。

▶挑選帶有光澤、外型完整的皇帝豆

市場上也有賣已經剝好的皇帝豆，價格會比帶著豆莢的貴。挑選時以帶有光澤，形狀完整，呈現淡綠色者為佳。

> **蔬食良伴**
>
> 皇帝豆又稱萊豆，對於不吃肉的人而言，皇帝豆可補充鐵質。皇帝豆外皮纖維質多，若想讓口感更好可汆燙去皮，本書湯品有道素食名店鈺善閣的冬寶鮮湯（頁183）頗值一試。

甜椒 挑選要訣

▶果蒂完整

盡量選購保有頂端果蒂的甜椒（如圖左），這樣表示剛採摘不久，比較新鮮。

▶果皮光滑無傷痕

品質比較好的甜椒，除了果實飽滿結實，外皮也應該不會有風傷與曬傷形成的皺紋，或其他撞傷、斑點。

▶不要挑太有稜有角的

考量方便料理，尤其是整顆運用時，外觀越不畸形，視覺感也比較好。

> **蔬食良伴**
>
> 根據相關研究，甜椒中的果綠素具有抗癌作用，其甜脆多汁的口感就連不愛吃蔬菜者都能吃得津津有味。除了常見的涼拌吃法，甜椒也能和豆腐一起做成彩椒繽紛豆腐（頁59）或是和蘋果、杏鮑菇搭配做成香蘋五柳（頁126）。

南瓜

◎盛產季節：春、夏、秋；3月至10月
◎主要產地：雲林、嘉義、屏東

胡蘿蔔

◎盛產季節：12月到隔年4月
◎主要產地：彰化縣、雲林縣、台南市

南瓜 挑選要訣

▶**拿在手上感覺要沉**

越沉的南瓜表示果肉越紮實，味道也越濃郁。

▶**注意蒂頭狀況**

如果立即要食用，就挑選瓜蒂較乾的南瓜。如果瓜蒂還呈青色，瓜肉熟成度還不足，不過比較可以存放。但若蒂頭已呈現深褐色或黑色就表示瓜肉已纖維化，不建議購買。

▶**表皮色澤要單純**

表面色澤不能變色，不能有黑點，否則內部品質可能已經有異狀。

▶**表皮不能有皺摺**

如果出現此種狀況，表示南瓜已經放太久。

蔬食良伴

南瓜的營養成份包括蛋白質、醣類等，其質地鬆軟，常用來煮湯、炒金瓜米粉，但其實除了這些常見的佳餚，南瓜還可以當焗烤容器，做成一道美味的起司烤南瓜盅（頁 166）；若是想吃西式料理，還有 THOMAS CHIEN 廚藝總監簡天才的南瓜餃蔬菜清湯（頁 178）。

胡蘿蔔 挑選要訣

▶**胡蘿蔔的表面最好不要有裂痕**

其實有裂痕的胡蘿蔔還是可以吃，有些甚至甜度還更高。但是因為裂痕部分的清洗及後續處理相對不易，所以要考慮料理的方式。可以充分洗淨後打成果汁。

▶**表面需光滑，不能過於粗糙**

胡蘿蔔的表面會有橫紋是正常的，但如果橫紋太深了，那這顆胡蘿蔔的口感也不會太好。

▶**用手指輕彈，聲音要厚實**

如果是實心的胡蘿蔔，用手指輕彈會有厚實的聲音；如果聲音聽起來空洞，那就有可能是空心蘿蔔，這樣的蘿蔔太老了，養分也已經耗盡。

蔬食良伴

胡蘿蔔的纖維可促進腸胃蠕動、且飽含 β 胡蘿蔔素，中藥亦有一說認為胡蘿蔔可補血。胡蘿蔔除了刨絲做成涼拌菜，另一種台灣料理較少見但常出現於法式料理的作法是打成泥，本書熟菜食譜中的有機胡蘿蔔與時蔬（頁 120）就要教你如何用胡蘿蔔泥打底在餐盤上做畫。

白蘿蔔

◎盛產季節：全年皆有，但以冬季的蘿蔔較為美味。
◎主要產地：雲林縣、嘉義縣、新竹縣、彰化縣

◎盛產季節：12月到3月
◎主要產地：新北市、苗栗、台中、彰化、雲林、台南、花蓮

地瓜

白蘿蔔 挑選要訣

▶拿在手中要沉
如果拿起來覺得手沉，代表保水度夠，肉質也較為細嫩紮實。
蘿蔔的莖葉部分必須清脆、富含水分。如果買到的是帶葉白蘿蔔，可依莖葉的新鮮度來挑選。

▶表皮需光亮
新鮮蘿蔔的表皮會呈現嫩白色。

▶蘿蔔的根需垂直不能過於彎曲
過於彎曲的蘿蔔，在料理的處理上不方便，建議不要購買。

▶用手指輕彈表面
能發出清脆、厚實的聲音，就表示這顆蘿蔔水分充足，新鮮度夠。

蔬食良伴

白蘿蔔含有維生素 C 與膳食纖維，盛產時味極鮮美，因此常用以熬湯。

地瓜 挑選要訣

▶表皮完整沒有凹洞
若有些看起來像蟲蛀或受損的凹洞，可能會影響地瓜內部品質。

▶鬚根不要太多
鬚根越多表示越接近發芽階段，比較不新鮮。

▶盡量挑選沒有發芽的
平滑沒有發芽的地瓜比較新鮮，若只有一兩處發芽，還可以挖掉後烹煮，但如果太多芽就不要購買。

蔬食良伴

地瓜含大量澱粉質，鬆軟綿密的口感人人喜愛。除了一般能想到的煮甜湯、粥等基本作法，本書熱菜食譜京都排骨（頁 129）還要教你如何利用油條和地瓜兩樣主食材變化出一道香甜的「排骨」。

玉米

◎盛產季節：全年
◎主要產地：花蓮、台東、台南、嘉義、雲林

紫蘇

◎盛產季節：春、夏：5月至7月
◎主要產地：苗栗、南投

玉米 挑選要訣

▶**按壓起來要緊實**

如果按壓起來覺得很軟、不結實，這顆玉米的生長狀態可能有問題。

▶**觀察玉米鬚**

新鮮的玉米鬚應該帶著光澤的淡黃色，尖端部分看來呈現褐色是正常的。如果感覺很乾燥、甚至有枯黃的狀態，玉米可能已經不新鮮了。

▶**玉米粒本身不能有變色或蟲蛀**

這樣的玉米已經受損，滋味也會大打折扣。

▶**新鮮的玉米粒應該立體而飽滿**

立體飽滿的玉米，水分充足，吃起來比較甘甜。

蔬食良伴

玉米含有碳水化合物、維生素A、磷等營養成份，但其實除了玉米粒可食，玉米梗在蔬食中也伴演了不可或缺的角色。葷食煮麵、熬湯多半需大骨或雞高湯調味，那蔬食怎麼辦呢？本書介紹的水廣川精緻蔬食餐廳提供了一個祕訣：將玉米骨留下熬高湯，湯頭鮮美無比！

紫蘇 挑選要訣

▶**葉片要翠綠、完整**

若有變色或四周開始凋零的葉片，表示比較不新鮮。

蔬食良伴

紫蘇具有解熱作用，且本身含揮發性芳香油，以之入菜能添加高貴香氣。陳年香檳醋拌炒紫蘇時菇羊肚菌（頁132）就是在菇類中加入切碎的紫蘇拌炒，讓這道佳餚具有難以抵抗的清香。

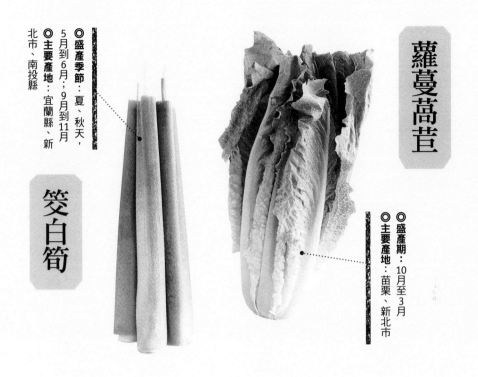

◎盛產季節：夏、秋天，5月到6月；9月到11月
◎主要產地：宜蘭縣、新北市、南投縣

筊白筍

◎盛產期：10月至3月
◎主要產地：苗栗、新北市

蘿蔓萵苣

筊白筍 挑選要訣

▶**外殼翠綠、體型飽滿**
帶殼的筊白筍應該筍殼翠綠，而且拿起來有重量感，比較新鮮且富含水份。

▶**筍頭面要細緻**
筍頭如果保有細緻毛孔，表示鮮度夠、口感嫩。

▶**筍頭不要有水傷或褐色斑點**
若呈現有點軟爛的狀態或變色，表示較不新鮮。

▶**體型不要太大**
太大支的筊白筍，吃起來口感會較老。

蔬食良伴

簡單汆燙筊白筍本身的甜味就能展露無遺，是一款單吃、襯托兩相宜的美味。像是本書食譜金莎玉賜（頁182）就使用500克筊白筍一支獨秀；另一道有道有機胡蘿蔔與時蔬（頁120）則使用4支筊白筍，將其他時蔬襯托得更加鮮甜。

蘿蔓萵苣 挑選要訣

▶**挑選葉面肉厚的**

▶**葉子不能斷裂或泛黃**
這樣的蘿蔓萵苣可能在運送過程有碰撞或過熱的狀況，會影響風味和品質。

▶**葉子要有足夠的保水度**
充滿水分的蘿蔓萵苣比較好吃，這可以從萵苣本身是否挺立，葉緣是否翠綠完整觀察出來。

▶**觀察底部，不能有泛黃、枯萎或出水狀況**
新鮮的蘿蔓萵苣，其根部的切口應該是完整、富含水分，沒有損傷的。

▶**莖部盡量不要有傷疤或風傷**
這些部分吃起來口感會比較差，而且在盤飾上也比較不美觀。

蔬食良伴

蘿蔓萵苣簡稱蘿蔓，常用於生菜沙拉或是襯底葉片，如本書食譜玉葉吉祥鬆（頁62）以蘿蔓襯底，構想來自生菜蝦鬆；另一道夏日陽光香草沙拉（頁42）則加進生菜並以可口醬汁調味。

以上部分資料節錄自《餐桌上的蔬菜百科》，歡迎選購此書。

PART 2

....

名店聚焦

山玥景觀餐廳

融入創意，讓傳統料理有新意

山玥景觀餐廳就位在溫泉遍布的北投，離塵不離城的交通距離，讓都市人偶爾想度假時，可來此泡湯兼享用餐廳提供的佳餚。

山玥景觀餐廳坐落於台北市北投區東昇路，附近環境清幽，會館內設有多種湯屋，包括景觀湯屋、夜景湯屋、豪華湯屋等。藉由來此泡湯，可讓疲累繁忙的身心獲得舒緩；泡完湯之後，時常會感到饑腸轆轆，這時便可品嚐主廚的好手藝。

山玥的主廚手藝非凡，不僅擅長港式點心，對於西式、蔬食料理也頗有心得。料理沒有標準答案，一道傳統菜餚即使已流傳久遠，仍然可以藉由改變其外形，取其精華、去其糟粕，像變魔術一般變出一道道充滿新意卻道道可口的料理。

料理未必得使用昂貴的食材，有時候，平凡的食材反而能有意想不到的效果。本書收錄的懷舊米茄牛蒡捲，就是利用牛蒡切絲炒香後，營造出古早味豬油拌飯的誘人香氣，讓蔬食者能有更多味蕾上的享受和滿足。

DATA

山玥景觀餐廳
🏠 台北市北投區東昇路 68-15 號
☎ 02-2896-5858

淨水琉璃

用當季食材，做美味料理

淨水琉璃將蓮花的功用發揮得淋漓盡致，不僅以蓮入菜，還用來泡茶，加上周邊風景如畫，來此用餐將能洗滌身心。

DATA

淨水琉璃
🏠 宜蘭縣礁溪鄉淇武蘭路 97 之 9 號
☎ 03-988-7711

宜蘭多雨，夏季午後下過雨後，天氣格外涼爽，一望無際的天空特別讓人感到放鬆。淨水琉璃是一獨棟別墅，昂然矗立在綠意盎然的田野間，在這麼美麗的環境下所做出來的料理，自然有著讓人放鬆的美味魔力。

淨水琉璃料理皆以健康為考量，盡量讓食材呈現本身的味道，不過度調味。這樣的料理概念也和淨水琉璃想要帶給人的寧靜、身心愉悅的感覺不謀而合。每個月，淨水琉璃都會利用當月新鮮食材設計不同的創意料理，用餐時可一邊欣賞盤中如同藝術品般的創作，也能一邊欣賞戶外的各式各樣睡蓮，安頓繁忙疲累的身心。

自種自售，從餐桌開始讓地球更美好

綠舍奇蹟健康蔬食

綠舍奇蹟健康蔬食裡眾多米、蔬菜等都來自自家農場，自種自售的作法，不僅不用擔心農藥問題，更能帶給客人穩定供餐品質。

原為竹科企業董事長，張鈺和捲起袖子走入土地，跟著農學博士學習秀明自然農法，在故鄉拓墾出一片自然農田，開始以有機方式種植稻米與蔬果。張鈺和從五分地開始試種，到成立題陞自然農場，在親身耕作的過程中，體會自然重新恢復平衡的奇蹟。原本種不出任何收成的貧土，如今復甦的地力每個月可生產 4000 斤的蔬菜，證實了有機農法對土地的正面影響。張鈺和的妻子顏芬在一趟歐洲生態旅行中，體悟「蔬食」對環境的重要。她進而將題陞自然農場生產的有機農產，再加上純植物性飲食法，促成綠舍奇蹟健康蔬食餐廳的誕生。

綠舍奇蹟的餐點以健康做訴求，食材多數來自題陞自然農場栽培的天然有機作物，同時更堅持不使用動物性素材。因此，在綠舍奇蹟的廚房內，是完全看不到奶、蛋、蜂蜜這些食材的。料理風格跨越國界，揉合了義大利、日本、印度、墨西哥、中國料理的創意。每一道餐點的設計從口味到擺盤都費盡心思，就為了讓蔬食也有吃西餐的豐盛與精緻感。顏芬說：「色、香、味俱全之外，我還要視覺表現滿分。」

DATA

綠舍奇蹟健康蔬食
🏠 新竹市武陵路 30 號 1 樓
☎ 03-532-2727
🕐 11：30 ～ 14：30、
　 17：30 ～ 21：00

芭舞巷·花園咖啡

走進花園，享受一場繽紛舒食盛宴

芭舞巷·花園咖啡佔地寬廣，戶外更有小橋流水，適合帶全家大小來此半日遊，新人還可在此辦婚宴派對。

DATA

芭舞巷·花園咖啡
🏠 桃園市蘆竹區六福一路 85
巷 21 號
☎ 03-353-0880

　　芭舞巷坐落於桃園市蘆竹區，因地址位在 85 巷，所以取其諧音想出了「芭舞巷」這個美麗的店名，讓人聯想到舞台中翩翩起舞的芭蕾舞者。在芭舞巷，雖然看不到芭蕾舞者起舞的畫面，卻有綠意盎然的自然景觀，餐廳旁邊甚至還有個迷你高爾夫球場，供顧客在此嬉戲，是兒童的遊戲天地。

　　推門入內，寬廣時尚的室內空間讓人驚呼連連，最吸睛的莫過於坐在沙發椅上休息的大熊玩偶了，喜歡熊玩偶的人絕不能忘了在此拍照留念。有漂亮的景觀當然不能少了美味的餐點，芭舞巷所供應餐點皆為蔬食，但是卻沒有惱人的素料味道，再加上價格相較於台北平實得多，因此假日時常高朋滿座。如果不想要人擠人，挑個平日午後來此一遊順便用餐，是不錯的選擇。

　　在芭舞巷，年輕的服務生就像家人一樣親切，端上桌的餐點更是美得令人難以將之和蔬食聯想在一起，如果想辦個難忘的婚宴，芭舞巷也是不錯的選擇。

名店聚焦

漢來蔬食健康概念館（佛館店）

花生豆腐入口即化，擔擔麵香辣過癮

漢來蔬食健康概念館位於佛光山，由主廚簡正佳設計美位料理，像是石鍋一品香、藜麥八寶菜飯等都是不錯的選擇。

漢來蔬食概念館認為，做蔬食料理最大目的應該要讓沒有吃素的人也不排斥，甚至愛上蔬食料理，因此漢來蔬食融合中西食藝、精緻港點的創意料理，你不會吃到可怕的素料，只會吃到用最新鮮最天然的食材所做出來的美食，滋味一點也不比葷食差。

漢來蔬食所使用的蔬菜，有一大半都來自永齡基金會，這個基金會是鴻海董事長郭台銘為了幫助八八風災受災戶而成立的，受災戶以有機方式耕種蔬菜，種出來的蔬菜特別青脆甜美，因而受到漢來蔬食喜愛。

如果你吃膩了大魚大肉，偶爾想品嚐蔬食的美好滋味又不知道到哪裡，那麼漢來蔬食概念館是個好選擇，這裡的和風花生豆腐、時令鮮果沙拉、成都擔擔麵等都很受歡迎，經濟實惠的價格，就算常吃也無負擔。

DATA

漢來蔬食健康概念館
🏠 高雄市大樹區統嶺路 1 號佛陀紀念館禮敬大廳
☎ 07-656-6085

時令鮮果沙拉 P044 ｜ 和風花生豆腐 P058 ｜ 成都擔擔麵 P106 ｜ 石鍋一品香 P156

采采食茶

中西合璧，賦予傳統飲食文化「心」動力

采采食茶大安店的空間陳設古色古香，卻因為融入時尚元素而不顯得老舊，反而有一種曖曖內含光的雅致韻味。

DATA

采采食茶
- 台北市復興南路一段 219 巷 23 號
- 02-2781-8289

采采食茶行政主廚宗山畢業於台北工專，畢業後當了一年的工程師，血液裡的料理因子依舊蠢蠢欲動，因此毅然放棄外人看好的前途到餐館當學徒。大概過了五年，當時台灣正興起一股法式料理風潮，宗山心想：「我做的菜到底算不算法式料理呢？」自我懷疑的結果，促成他到英國的藍帶廚藝學院進修。選英國而不選法國，主要是因為不懂法文，「雖然法國藍帶也可選英文授課，但一下了課我就什麼都聽不懂了，那將會很慘。」所以，他選擇到英國精進廚藝。

在英國三年期間，第一年繳學費上課，第二年開始宗山爭取到少數工讀名額，一邊在學校幫忙、一邊聽課，廚藝精進不少。

回台之後，采采食茶在傳統中融入新意的講究，對有想法的宗山而言，正好可以讓他一展長才。在采采，他不僅要研發新菜，就連節慶商品如月餅、粽子或是喜餅等都需研究，讓他對料理有了更新一番的認識。對宗山而言，料理反映了生活的一部分，愛吃的他在做料理的過程中，也感受到不少樂趣，「像是在燃燒自己」他說。

Restaurant
07

名店聚焦

以精湛手藝讓台菜搖身成時尚藝術品

麟 Link の手創料理

麟 Link の手創料理位於宜蘭，餐廳陳設氣派開闊，將台灣美食利用精緻手法設計成端得上檯面的佳餚。

麟 Link の手創料理是由國宴主廚陳兆麟以台灣隊的競賽金牌獎料理、用精緻套餐的方式，呈現老台菜的傳承與創新，是國內少見能嚐到國際級競賽料理的餐館。

麟 Link の手創料理位於宜蘭新月廣場附近，獨棟四層樓的建築外牆以陳兆麟的胞弟陶藝家陳兆博特別燒製的陶瓷鑲嵌。除了外牆裝飾，每道料理的專屬餐皿也都特別燒製，從米粒造型的筷架、小石頭保溫的雙層湯碗、厚實到需要雙手才能拿起的盤子，都是在造型與功能上再三研究的極致之作。以保溫湯碗做例子，就是為了國際比賽而量身打造的餐皿。

秉持著曾祖時代流傳下來的美食精神，長期深耕地方小吃及地方特色風味，深愛美麗家鄉的他將傳統美食延續與創新，讓老主顧一再拜訪、觀光客吮指回味。創新的宜蘭菜色仍然保有許多台灣傳統的飲食風味，運用許多在地食材，烹調出帶有濃厚情感的傳統菜。

目前正在積極培養家族中的第五代出來，在本土化與國際化的飲食交流辯證中，名廚陳兆麟的最愛，永遠是這片土地上的傳統人情味。

DATA

麟Linkの手創料理
🏠 宜蘭市泰山路 58-2 號
☎ 03-936-8658（葷素皆有）

苦瓜生菜蛋皮捲 P048 ｜ 滿足 P068 ｜ 花椰芙蓉猴頭菇 P140 ｜ 白玉靈芝菇 P143 ｜ 薏仁淮山酥 P172 ｜ 酒釀南瓜 P196

山外山創意料理蔬食餐廳

川菜功力20年，以高超廚藝創造蔬食天堂

山外山用餐空間寬敞，戶外更有盪鞦韆等遊樂設施，適合全家大小來此進行半日小旅行。

DATA

山外山創意料理蔬食餐廳
桃園市龍潭區民族路 769 巷
☎ 03-411-5121

山外山創意料理蔬食餐廳位於桃園市龍潭區，店門前是一大片茶園，店裡則有一片草地供人遊憩，草地上有不少小朋友喜愛的遊樂設施如盪鞦韆，適合全家大小來此用餐兼休閒。

老闆兼主廚徐文祥從事餐飲已二十多個寒暑，精於川菜、粵菜的他，原本做的是葷菜，後因結交了不少龍潭地區吃蔬食的朋友，這些朋友常苦於龍潭地區找不到像樣的蔬食餐廳，幾經思量，徐文祥決定轉賣蔬食料理，滿足好友們的嘴。店裡自製的蘿蔔糕，不但口感紮實有彈性，吃得到大量清甜蘿蔔絲，就連沾醬 XO 醬都是店內自製，少了不健康的添加物，口感自然很好。另外，店裡自製的芝麻豆腐也是一絕，一般豆腐多用黃豆製成，但山外山的芝麻豆腐讓營養滿點的黑芝麻成為主角，吃來軟嫩細緻，清淡有味頗值得一嚐。

山外山的許多食材都來自當地，並大量使用新鮮食材如絲瓜、南瓜、馬鈴薯、猴頭菇等，避免使用素料。排拒蔬食的人，多半是因為抗拒素料的人工味，但使用新鮮食材，就能避免這些問題。

養心茶樓

品嚐風味獨具的蔬食港點

店內供應各式蔬食港點、合菜,不分平假日總是高朋滿座,想嚐鮮建議先訂位。

養心茶樓行政主廚詹昇霖曾獲中華美食展熱食組金牌、佛光山烹飪講師,做菜功力深厚,一點也不馬虎。港式點心部副主廚陳皇州則曾在環亞、高雄福華等飯店任職,手藝精細,做出來的港點滋味細緻。養心茶樓除了供應港式點心,也有合菜可供選擇;港點如香煎蘿蔔糕、芋泥西米露、香椿荷葉飯、蘿蔔絲酥餅、薺菜焗燒餅等;合菜像是蠔油獅子頭、玉葉吉祥鬆、蠔油淮山茄香煲等。菜色或清淡或下飯,和往常蔬食予人無滋無味、帶素料味的印象大不相同。

有資歷豐富的師傅,食材當然也不能馬虎。養心茶樓選用來自蘭陽平原的「歷久米心」米,以自然農法栽種而成的米,因不噴灑農藥,一年僅一收,品嚐時彷彿可以感受到蘭陽平原的好山好水。另外值得一提的是,蔬食料理中常用的食材——豆腐,養心茶樓選擇與苗栗彭老師鹽鹵豆腐合作,以天然鹽鹵代替食用石膏製成的豆腐,帶有細緻濃郁的風味,值得一嚐。

DATA

養心茶樓
🏠 台北市中山區松江路 128 號 2 樓
☎ 02-2542-8828

食材嚴選、風格輕盈的新法式餐館

THOMAS CHIEN 法式餐廳

THOMAS CHIEN 法式餐廳風格時髦，廚藝總監簡天才也不斷精進廚藝，期盼讓南台灣的貴賓享受法式料理不用遠渡重洋。

DATA

THOMAS CHIEN法式餐廳

🏠 高雄市前鎮區成功二路 11 號
☎ 07-536-9436

以廚藝總監簡天才英文名為店名的 THOMAS CHIEN，從食材選取、器皿擺設、廚房規劃到餐飲空間設計，處處講究。擁有二十多年西餐廚藝經驗的簡天才，餐廳在創作思考上，既以 THOMAS CHIEN 為名，端出的料理自然也充滿其個人創作巧思。簡天才表示「南台灣天氣熱，現代人平日吃得就好，品嚐美食追求的反而是食材新鮮頂級，但烹調口味上得清爽無負擔」，因此呈現了「食材嚴選，兼納台灣優質食材與進口頂級食材，但風格輕盈」的新法式料理風格。

THOMAS CHIEN 地點可說是鬧中取靜，簡天才當初一看到就覺得是理想的高級法式餐廳地點，鄰近還有新光碼頭可遠眺高雄港口美景，常有客人趁著夕陽西下先欣賞港灣美景後，再前來法式餐廳品味美食，頗有遠離塵囂，享受祕境美食的私房樂。

越南山城裡的幸福滋味

小夏天

小夏天位在台中，店內供應的受法國殖民時期影響的越南菜，美味料理加上親切服務，使得店內在用餐時段經常人聲鼎沸，好不熱鬧。

第一次吃到越南菜，店主 Josie 就被它深深吸引，在一次因緣際會下，她飛到越南山城大勒，向越南媽媽 Le Thi Thao 和 Ngoc Lan 學做越南料理。她不僅學到如何以檸檬、青蔥、薄荷、南薑、香茅、九層塔等香料入菜，還體悟到越南人知足樂天的民族習性。越南朋友告訴她：「幸福很簡單，只要放棄複雜。」回到台灣後，她在台中美術館附近找到一棟 40 餘年的二層樓老洋房，開始了小夏天的故事。

小夏天專賣受法國殖民時期影響的越南菜，和台菜一樣，越南菜也有煎煮炒炸等烹調方式，常運用花生、芝麻、油蔥酥提味，各式新鮮香料更是提味增色不可或缺的要角。蝦仁雞絲生春捲、芋香酥炸脆春捲、冰越氏滴露咖啡、越氏班密法國麵包、香檸雞絲涼拌河粉等，都是很受歡迎的菜色。除此之外，小夏天更自行醃漬越氏泡菜，以白花椰為主角、添上紅椒、黃椒、紅蘿蔔，酸酸甜甜的口感相當開胃。

幸福很簡單，只要放下複雜，吃一道小夏天以款款心意為佐料烹煮出來的美味。

DATA

小夏天
- 台中市西區五權西四街 13 巷 3 號
- 04-2372-676

薑黃檸香蔬菜拌炒飯 P078

鈺善閣

一口詩意，頌盡春夏秋冬四季

鈺善閣牆面的圓是竹子裁切、組合而成，眾多圓象徵圓滿，同時也代表餐點是素食養生懷石料理，不殺生、天自萬物自然圓滿。

DATA

鈺善閣
- 台北市北平東路 14 號 1 樓
- 02-2394-5155

　　鈺善閣創辦人陳健志內心深處時常懸念：「當有一天離開時，能為這世間留下什麼有意義的事情？」從事素食餐飲業 20 餘年的他，把這份工作視為上天所賜的恩典，應以此懷抱一顆感恩的心，於是發願希望藉由健康的飲食方式，讓大家吃的健康、安心，以保有一個健康的身體。起心動念之際，2004 年，鈺善閣誕生了。

　　融入東方禪意的宮廷藝術風格，鈺、善、閣三個字都有它不同的意涵，「鈺」拆開來，就是金和玉，金代表千錘百鍊，玉則是精雕細琢，代表餐廳烹調料理的精神；「善」字則象徵善念，因為吃素本身就是發自善念，對萬物的珍惜；「閣」字則有領導的意義，意指鈺善閣的設立不是要與市場競爭，而是要來提升素食文化，並不斷的進化。

　　鈺善閣的料理食材、用料盡皆取自於天然，謝絕任何人工素料，盡量以少油、少鹽的蒸煮方式調理，為客人的健康把關。倘若用一句話來形容鈺善閣，那就是一口詩意，頌盡春夏秋冬四季，客人在品嚐每一道菜與菜之間，都能在口感和味蕾之間獲得平衡。

建構地球與餐桌間的美味關係

日光大道健康廚坊 Sonnentor Cafe

日光大道健康廚坊的食材盡量選擇台灣優質農友的產品，透過拜訪農家，親自了解農友耕種方式，仔細的挑選過程，讓客人享用美食更安心。

日光大道健康廚坊主打「無人工添加物」的歐式麵包與樂活慢食。在這裡，消費者再也不必擔心人工色素、人工香料、膨鬆劑、柔軟劑、人工防腐劑等各種添加劑對自己或家人造成的傷害！日光大道期待與顧客分享的是最「真實」的食物、最健康的美味，不但優先選用本土食材，除了小麥、裸麥、奶油、橄欖油等部分進口烘焙原料外，更希望能夠透過農家產地拜訪，提供當季、在地、以自然農法為主的各種新鮮食材。除了讓顧客吃得健康、安心，同時能夠縮短食物里程，為日益嚴重的環境議題盡一份心力。

DATA

日光大道健康廚坊
Sonnentor Cafe

🏠 台北市士林區天玉街 38 巷 18 弄 6 號 1 樓 (天母店)
☎ 02-2874-0208

托斯卡尼雪裡紅手工義大利麵 P094

赤崁璽樓

把客人當家人，用料大方不藏私

赤崁璽樓位在台南，店內供應了許多美味可口的佳餚，松露、起司等各式食材用料大方，是會讓人大呼滿足的好店。

坐落於台南赤崁樓西邊的巷弄內，這棟四樓高的洋樓融合了台灣本土、日本與西洋風格的多重文化風貌，不僅迴廊環繞，不同風格的老式木窗，或是內部空間一桌一椅，也各有故事。店主搜羅了清末到民初時期之各式古董家具、家飾，老式電風扇、電視櫃、雕刻精緻的檜木梳妝台等，在古樸與摩登、東方與西方之間，碰撞出獨特氣質。

源自「分享」概念的赤崁璽樓餐廳，料理不添加任何蛋類、蔥、蒜，並將歐式飲食概念融入台菜料理，顛覆大眾對於素食料理的刻板印象，尤其招牌猴頭菇餐點，更是其他飯店主廚爭相學習對象。在食材的選擇上，則嚴選天然有機或具備政府有機認證食材，加入歐美進口的頂級油品和調味料進行調味；另有比利時純手工巧克力、歐洲進口甜點和多款有機花茶等，打造色香味俱全的健康美食。

DATA

赤崁璽樓
🏠 台南市中西區西門路二段 372 巷 10 號
☎ 06-224-5179

旬味蔬食料理，讓身心更輕盈

Aqua Lounge

Aqua Lounge 位 在 台北國賓飯店內，採 buffet（吃到飽）形 式供應餐點，但即使 是吃到飽，卻不會讓 身體有負擔，箇中祕 密就在於少油、少鹽 的餐點設計原則。

現代感十足的「Aqua Lounge」，以健康輕食為取向，積極投入健康餐飲的研發與創新，嚴謹的食材選擇，以簡單烹調、多國料理的方式呈現，讓顧客們真正體驗到健康飲食帶來的身心舒活感受。

Aqua Lounge 特別聘請養生瑜珈達人洪光明，擔任餐廳的指導顧問，藉由洪光明獨到的瑜珈哲學、變化萬千的養生廚藝，創意詮釋健康飲食，並且融入科學營養的概念，每季皆帶來令人驚豔的輕食美味，長年走訪世界各國的他，每次皆能帶回全新飲食思維及台灣罕見的健康美味，透過當季時蔬與特殊食材的大膽搭配，讓人對健康蔬食料理有更深厚的了解，並再次開拓台灣對於國際飲食的視野。

Aqua Lounge 以提供蔬食為主。料理原則就是少油、少糖、少鹽、低澱粉、低溫，多半以涼拌、燉煮方式料理，並使用黑糖、海鹽、全麥麵粉、糙米取代過於精緻化的白糖、精鹽、白麵粉及白米。藉由當季食材的鮮美，搭配異國風味的料理方式或香料，表現出天然的風味與香氣，增加健康飲食的趣味，表現出均衡的營養及豐富令人食慾大開的色彩。

DATA

Aqua Lounge
🏠 台北市中山北路二段 63 號
☎ 02-2100-2100

鷹嘴豆咖哩佐印度澎澎餅 P110

結合輕食和料理教室的時尚餐館

OLIVIERS&CO LA TABLE

O&CO La Table 位於台中新光三越,消費者不僅能在裡面享用美味料理,還能體驗動手作料理的樂趣。

台灣第一間 O&CO. La Table 於台中新光三越嶄新開幕,創新結合法式輕食、頂級食材及料理教室的多元食尚概念,與法國米其林餐廳同步,採用嚴選地中海 50 個莊園的 100% 第一道冷壓初榨橄欖油與正統摩地納香醋,搭配 23 位歐洲名廚的原創醬料,不必遠赴歐洲,也能享受米其林星級的料理美味。

從前菜、沙拉、主菜到甜點,以 O&CO 主廚醬料和新鮮食材當場現做,讓您現場品嚐自己喜愛的菜色料理,再把食譜打包帶回家。O&CO. La Table 另外特別結合美味 Cooking Studio,料理達人親自教授重現烹飪的祕訣和技巧,將美味健康帶回自家的餐桌。

DATA

OLIVIERS&CO LA TABLE

🅰 台中市西屯區台灣大道三段 301 號 B2（新光三越百貨地下 2 樓）

☎ 04-2258-4868

Pizza 橄欖脆餅沙拉 P114 ｜ 松露油蘆筍蘑菇烤蛋 P134

名店聚焦

浣花草堂（大直店）

把蔬食的美味，烙印在饕客的記憶中

浣花草堂店內空間寬敞，店內眾多佳餚價格平實，且因為做得是家常菜，即使常吃也不會膩，是適合天天吃飯的好地方。

浣花草堂花了相當心力研發以各種天然食材創造出近似葷食的風味與口感，像是熱門菜色「宮保吉丁」，老闆張榮輝以小麥纖維加上乳清蛋白特製而成。為了讓口感與雞肉相似，還必須搭配作法，吉丁必須要先下油鍋搶酥，才能 Q 彈有嚼勁。醬料的部份也不能馬虎，好吃的祕訣就在獨門提煉的花椒油，搭配乾辣椒，嗆辣夠勁的滋味融入吉丁，自然風味無窮。

浣花另一賣點是湯頭與醬料，店內的烏梅飲、配菜醬料與湯頭都運用大量中藥材，營養價值豐富。「首烏長生鍋」中濃郁的香味卻極為清香的湯頭裡採用十多味的中藥熬煮約兩小時，之後再加上大量蔬菜，讓浣花草堂的湯底獨樹一格，受到許多饕客愛戴。「能讓越來越多葷食客人走進素食餐廳，吃一餐就等於少殺生多積福，這就是我們的目標。」老闆張榮輝經營近十年的浣花草堂以把客人當做家人的心情做出素食料理，讓葷食者大口大口開心吃素，成功的把蔬食的美味，烙印在每一位饕客的味蕾與記憶中。

DATA

浣花草堂
🏠 台北市中山區樂群三路 218 號 1 樓
☎ 02-8501-2188

水廣川精緻蔬食廚房

蓋有機農場，盼供應自家餐廳

水廣川精緻蔬食餐廳有自助餐、異國料理和外燴服務，店內餐點不使用人工調味料，餐點皆為蔬食，卻吃不出素味，令人驚喜。

水廣川精緻蔬食餐廳
🏠 台北市南港區研究院路二段39-9 號
☎ 02-2788-2117

水　廣川精緻蔬食餐廳平常除了供應自助餐之外，也提供外燴服務。水廣川的行政主廚黃柏鈞在亞都麗緻天香樓待了十多年，原本做葷菜，轉做蔬食料理後，選擇不加味精、香菇精，像是高湯就用高麗菜、大白菜、深海昆布、甘蔗頭、玉米骨等十多種蔬菜熬成，鮮美無比。

談到做蔬食料理的祕訣，一旁的老闆娘陳怡君說：「要有愛心。」有愛心，才不會添加一堆有的沒的人工調味品。陳怡君曾經當過電視購物台的購物專家、演過電視劇，盡享榮華富貴，曾經覺得人生也不過如此，直到妹妹生病，她才發現，人生要做的事還有好多。為了讓妹妹身體早日康復，陳怡君開起蔬食餐廳，除了供應健康蔬食料理，更為年輕人創造工作機會。現在，妹妹身體不但康復了，還生了一個可愛的女兒。

除了餐廳，水廣川更在宜蘭買地蓋有機農場，農場裡種了豌豆、四季豆、南瓜等，期盼將來餐廳裡的食材都來自這塊土地。

享用歐陸菜，度過放鬆的夜晚

Indulge 實驗創新餐酒館

Indulge 實驗創新餐酒館位於復興南路上，下班後想要放鬆，可來此吃歐陸菜，美酒佳餚好不愜意。

位於台北復興南路上的 Indulge 實驗創新餐酒館，由榮獲多次世界調酒大賽冠軍 Aki Wang 及曾任職星級飯店的主廚 Sam 打造而成。在 Indulge，你可以品嚐到美味料理和各式各樣有酒精、無酒精的特調飲品，這是一間能讓人放鬆的歐陸料理餐酒館。

Indulge 的食物多樣，每個季節都會更換菜單，雖然不是一間蔬食餐館，仍然特別準備了蔬食料理供客人選擇。對主廚 Sam 而言，料理是他畢生興趣，15 歲就入行的他，曾經待過老華泰飯店、復興空廚等多家知名餐館。Sam 擅長創新，在傳統料理上添加自己的想法，像一般多用蘑菇炒鮮蝦，但 Sam 認為杏鮑菇搭海鮮也很相襯，因此就嘗試將蘑菇替換成杏鮑菇，讓這道義式佳餚有了不同風貌，卻一樣美味。

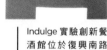

Indulge實驗創新餐酒館
🅰 台北市復興南路一段 219 巷 11 號
☎ 02-2773-0080

陳年香檳醋拌炒紫蘇時菇羊肚菌 P132

PART 3

美味蔬食譜

涼菜

"

無論是因為天氣太炎熱食慾不振、想在餐前吃點小菜讓胃口大開，或者臨時來了訪客得加菜，涼菜食譜中的料理都能滿足你的需求，讓餐桌更豐盛。

"

海帶滷杏鮑菇，帶來大海氣息

絲綢野菇時蔬沙拉　|1 人份|

山玥景觀餐廳

杏鮑菇的口感鮮嫩嚼勁，又富有飽足感，常常被用來取代肉食。食用營養價值高的杏鮑菇，可提高人類免疫系統功能，降低血脂、抗癌又有美白功效。本道菜以海帶提出杏鮑菇的鮮味，切成薄片的杏鮑菇媲美鮑魚珍饈。

• 材料 •

杏鮑菇－2 條
蘿蔓－適量
綠捲－適量
紅捲－適量
紫紅小高麗菜－少許
水菜－適量
薑－1 塊
昆布－1 塊
話梅－3 粒

• 佐料 •

a
素蠔油－30 克
醬油－15 克
味醂－30 克
麥芽－50 克
糖－20 克

b
芥末油醋醬－100c.c.

• 作法 •

1. 把佐料 a 加入薑、昆布、話梅、杏鮑菇，將水蓋過杏鮑菇，滷至入味放涼。
2. 所有時蔬洗好脫水，把杏鮑菇切片放上後，淋上佐料 b 即可。

• Tips •

步驟 1 的杏鮑菇至少需滷一小時才能入味。

• 擺盤 •

杏鮑菇上面白色網狀糖絲，需特殊技法才能製成，在家不易製作。盤面周圍紫色的是烤過的紫色地瓜碎，灑在四周讓色彩跳躍繽紛。

point

• 食材搭配術 •

切成薄片的杏鮑菇和昆布一起滷過，吃起來軟嫩潤口。

杏鮑菇薄片融入大海鮮味，媲美鮑魚珍饈，飽足養生又保育地球。

西瓜變身鮪魚凍，創造美豔色澤

水果生菜沙拉佐豆腐芒果醬汁 1人份

淨水琉璃

西瓜含有大量水份及豐富的維生素和礦物質，能夠清熱解暑、解煩渴，還可以幫助消化、促進新陳代謝。

• 材料 •

蘿蔓葉－1 葉
美生菜－10 克
綠捲、紅捲－10 克
西瓜凍－100 克
奇異果－1 顆

• 西瓜凍材料 •

西瓜－100 克
雪利醋－10c.c.
吉利丁（洋菜粉）－5 克

• 豆腐芒果醬材料 •

板豆腐－800 克
橄欖油－少許
芒果－適量

• 作法 •

1 將生菜類洗淨泡冰水備用。
2 西瓜去皮打成汁過濾後，加入雪利醋、吉利丁後加熱到 50度。
3 倒入容器裡冷卻，放入冰箱凝結。
4 板豆腐先將水分擠出後，與橄欖油一起用調理機打成均質。
5 再加入芒果續打勻。
6 奇異果切片排盤即可。

• Tips •

製作西瓜凍時，打完務必去渣滓、緩慢倒入容器中，冷凍取出後才能晶瑩剔透。

• 擺盤 •

西瓜取代鮪魚，板豆腐取代蛋汁，料理完成後，擺在帶有波浪紋路的盤面上，看似鮪魚的西瓜凍在盤面上游泳，看起來就像一幅畫。一旁的豆腐芒果醬略帶乳黃色，營造出活力熱帶風情。

梅醋當淋醬，堅果添油脂

花園鮮蔬沙拉 |1人份|

▌綠舍奇蹟健康蔬食

近年吹起有機養生風潮，而「有機」對於人類生活又有眾多的好處。
生食沙拉使用有機蔬菜，可以減少化學物質與農藥的殘留，避免食
入有害物質造成負擔，促進身體健康。

• 材料 •

有機紅捲、有機綠捲－適量
有機小黃瓜、有機甜菜根－適量
當季時令水果－2種顏色以上適量
綜合堅果－少許

• 佐料 •

梅子醋－ 20c.c.
橄欖油－ 20c.c.
無蜂蜜桂花醬－ 100c.c.
寡糖－ 50c.c.
鹽－少許

• 作法 •

1 紅捲生菜與綠捲生菜洗淨剝勻鋪盤底。
2 小黃瓜與甜菜根先切片用少許鹽清洗乾淨以去土味。
3 當季水果切丁與步驟 2 食材一起擺盤淋上調好的醬汁，
　最後撒上綜合堅果即可。

• Tips •

做為生食的蔬菜，使用有機食材更能避免化學農藥入口。

• 擺盤 •

紅捲、綠捲、甜菜根、水果等各色蔬果擺入盤中，再將小黃
瓜薄片組合成扇形，再排列、靠在蔬菜上，一旁的番茄則使
綠色蔬菜更有活力、使沙拉有視覺焦點。

蜂蜜紫蘇沾醬，讓鮮蔬口感酸甜

夏日陽光香草沙拉 | 1～2 人份

芭舞巷‧花園咖啡

以杏鮑菇代替肉類拌入沙拉，除了能品嚐咀嚼的食感，也不失營養價值及飽足感。杏鮑菇富含多種胺基酸、礦物質及維生素，可以降血脂、降膽固醇，提高免疫功能，低脂肪、低熱量，多吃也不怕發胖。沙拉中加入小番茄，含有天然色素茄紅素，是胡蘿蔔素的一種，添加沙拉紅色鮮豔色感，也增加營養價值。

‧材料‧

小番茄－8 粒
杏鮑菇－2 條
美生菜－100 克
山蘿蔔葉－1 葉

‧佐料‧

芥茉醬－少許
蜂蜜－少許
綜合香料－適量
紫蘇梅－6 粒
醋－適量
糖－適量

‧作法‧

1 杏鮑菇去塊再用醋、糖、鹽及綜合香料醃。
2 紫蘇梅醬醃小番茄氽燙瀝乾。
3 美生菜泡水冰鎮，瀝乾再拌蜂蜜芥茉醬。

‧擺盤‧

沙拉層層疊疊堆高，提升視覺美感。

point

‧食材搭配術‧

杏鮑菇纖維細，軟嫩厚實的口感，放到沙拉中可以增加口感和滿足感。

杏鮑菇營養價值豐富，媲美肉類的口感，又能增加飽足感，是健康養生的聰明好食材。

各式鮮蔬果搭配而成的美味饗宴

時令鮮果沙拉 |1～2 人份|

漢來蔬食健康概念館（佛館店）

近年提倡「天天五蔬果」及「彩虹飲食原則」的概念，配合時令季節選擇各式蔬果創作一盤味覺與視覺的饗宴。新鮮蔬果是最天然的抗氧化劑，預防慢性病及減緩老化，也能降低致癌基因的活性，是抗癌養生一大利器。另外，還能調控身體機能，降低血糖、血脂，對於心血管疾病的預防有顯著的益處。

• 材料 •

各式生菜－450克
當季各式水果－150克

• 佐料 •

有機橄欖油－20克
檸檬汁－30克
純蜂蜜－30克
淡醬油－10克
葡萄柚果肉－25克
鹽－少許

• 作法 •

1 選一新鮮葡萄柚取出果肉，分成小塊，加入淡醬油、純蜂蜜、鹽、檸檬汁調味，最後再加入橄欖油，調勻成沙拉油醋醬汁備用。

2 各式生菜、水果洗淨後切小塊，淋上沙拉油醋醬汁即可上桌。

• Tips •

水果用刀切，生菜用手撕、剝成段，口感較好。

• 擺盤 •

向「插花」藝術取經，依照各式蔬果高低不同的特性做出巧妙安排，為一盤沙拉創造出藝術品般的呈現。

point

• 食材搭配術 •

1 玉米、小黃瓜、綠捲、紅捲等，屬於柔軟、水分較多的蔬果，適合用來當沙拉入菜。

2 醬汁運用上，使用橘子、檸檬等柑橘類水果，同時添加少許鹽，將水果的酸轉換成甘甜味，讓鮮沙拉層次更多變。

【養生蔬果的飲食觀念，搭配多樣化時令鮮蔬果，天然、輕食又樂活。】

健康少油煎烤，封住蔬菜自然味道

烤時蔬佐陳年紅酒醋沙拉盤 |1人份|

▌采采食茶

這道溫沙拉將不同蔬菜以少油煎烤的方式烹調，保持本身的甘甜，
一次過品味各種蔬菜的獨特口感。最後再以薄鹽、初榨橄欖油及陳
年紅酒醋帶出食材最自然的美味，讓人掉進蔬菜界的奇妙國度。

• 材料 •

筊白筍 — 1 根
玉米筍 — 2 根
牛番茄 — 1/2 顆
綠蘆筍 — 3 根
茄子 — 1 根
娃娃菜 — 1 顆
南瓜（帶皮）— 1/4 顆
黃椒 — 1/2 顆
秋葵 — 3 根

• 佐料 •

初榨橄欖油 — 2 大匙
陳年紅酒醋 — 1 大匙
鹽 — 少許

• 作法 •

1 將各種蔬果洗乾淨後切成半塊，用中火逐一煎上色。
2 把所有食材放進烤箱以 180 度烤 3 ～ 5 分鐘。
3 拌上橄欖油及陳年紅酒醋，擺盤後灑上鹽即可。

桂花釀配果物醋，平衡酸甜

桂花五行時蔬 |1人份|

五行食蔬分別代表：金、木、水、火、土，分別滋養五臟五腑，可預防疾病、增強免疫力。多樣五彩時蔬一同入盤，不只五行均衡，佐入天然果物醋中和體內酸鹼，更在桂花釀的甜中，點綴一絲微酸口感。

• 材料 •

黑柿番茄－半公斤
橄欖油－ 30c.c.
果物醋－ 30c.c.
桂花釀－ 30c.c.
高麗菜絲－少許
有機果仁－少許
蘿蔓絲－少許
奇異果－少許
蓮霧－少許
山藥－少許
黑豆－少許

• 佐料 •

薑泥－ 10 克
水－ 150c.c.
鹽－ 3 克

• 作法 •

1 將番茄、薑泥、水一同小火熬煮至糊狀，放涼後備用。

2 將番茄糊拌入橄欖油、果物醋、鹽置入冰箱冷藏一夜待入味。

3 將高麗菜、蘿蔓絲鋪底，盡量呈現山坡隆起狀，再將奇異果、蓮霧及汆燙過放涼的山藥沿著三角狀擺盤，淋上桂花釀，灑上黑豆、芝麻或任何喜愛的有機果仁。

• Tips •

步驟1小火熬煮過程，記得要不斷攪拌。

• 擺盤 •

以蘋果、哈蜜瓜、玉米等食材切成條狀，豎立起來之後不僅能清楚看見沙拉多元的組合，有如山水意境的美感。

奶蛋

苦瓜薄片結合蛋皮，創造雙重口感

苦瓜生菜蛋皮捲 |1人份|

麟 Link の手創料理

苦瓜具有清熱消暑、養血益氣等功效，富含維生素 C，有益於增強免疫力及促進皮膚新陳代謝；維生素 B1，有效預防及治療腳氣病，維持心臟功能健康。苦瓜中也含有類似胰島素的物質，具良好的降血糖功效，有助改善糖尿病。涼拌是最適合的料理方式，可以保留苦瓜清脆的口感，且避免水溶性的維生素流失或者揮散蒸發。

• 材料 •

苦瓜－1條
蛋皮－1張
花生粉、葡萄乾－少許
沙拉－1包
奇異果－1顆

• 佐料 •

日式沙拉醬－適量

• 作法 •

1 苦瓜切片冰鎮。
2 以蛋皮捲苦瓜、花生粉、葡萄乾、奇異果、沙拉。
3 切段排盤淋上日式沙拉醬即可。

• Tips •

苦瓜盡量切薄片，冰鎮過後才能降低苦澀味。

• 擺盤 •

蛋皮捲切段後，取一有深度的大盤放入，旁面再以紅色醬汁如紅麴醬刷上一筆，讓盤面宛如藝術品般美麗。

涼拌苦瓜口感清脆，含豐富維生素，
是暑日解熱又養生的好選擇。

酸辣沙沙醬讓脆餅更美味

沙沙醬脆餅 | 1〜2 人份

綠舍奇蹟健康蔬食

番茄是沙沙醬提酸刺激味蕾的重要角色，不只色彩鮮豔，能以色誘慾，酸香味甜的口感，更是開胃的關鍵，也讓酥香脆餅更美味。而簡單的醬料，富含大大的營養，大量的茄紅素，可對抗各種由自由基引起的疾病，更可預防癌症、增加體力，為健康加油絕不能缺少這一味。

• 材料 •
黃春捲皮－ 4 張
牛番茄－ 1 顆
奇異果－ 1 顆
薄荷葉－適量

• 醬料 •
檸檬汁－少許
寡糖－ 50c.c.
黑胡椒粉－少許
橄欖油－ 50 c.c.

• 作法 •
1 春捲皮剪成三角形狀過油炸酥脆，瀝乾用吸油紙把油吸乾備用。
2 番茄與奇異果切丁、薄荷葉切末將醬料一起拌均勻倒進食器中，食用時再淋在炸好的春捲皮上即可。

• Tips •
薄荷葉也可用九層塔或蘿勒替代，全素原味馬鈴薯片也可替代春捲皮食用。

酸香味甜的番茄，擁有大量的茄紅素，可預防癌症增加體力，是飲食健康不可缺少的好味道。

Cold
Dishes

馬鈴薯泥配綠蘆筍，綿密中帶有脆度

蝦仁鮪魚洋芋磚

| 2～3
| 人份

芭舞巷・花園咖啡

馬鈴薯是澱粉高的主食類，口感扎實綿密有飽足感，搭配冰鎮過的鮮甜綠蘆筍，增加味覺層次與清脆的食感。蘆筍中鈣、鐵、磷、鉀含量豐富。鈣質預防骨質疏鬆，鐵質能溫潤氣色，磷能幫助牙齒發育，鉀能預防水腫。利用氽燙的方式烹調蘆筍，可以避免維生素 C、胡蘿蔔素流失。

• 材料 •

進口馬鈴薯－ 3 顆　美乃滋－少許
素鮪魚－ 100 克　食用花－ 3 朵
素蝦－ 3 支　　　炸地瓜絲－少許
泰國蘆筍－ 6 支　山蘿蔔葉－ 3 葉
中芹－少許

• 佐料 •

鹽、胡椒、糖－適量

• 作法 •

1 進口馬鈴薯蒸熟拌素鮪魚、美乃滋、鹽、胡椒、糖、中芹末。
2 蘆筍氽燙冰鎮瀝乾。
3 素蝦炸熟。
4 蒸熟的馬鈴薯用模型壓長形再放入蘆筍素蝦。

• 擺盤 •

壓成長方形的馬鈴薯泥擺在大長方形盤上，構成有趣的幾何變化。盤面上再點綴素蝦、蘆筍等，讓滋味更豐富。

point

• 食材搭配術 •

馬鈴薯泥口感較軟，搭配脆綠蘆筍除可增添色澤，蘆筍本身的脆度和清甜也讓口感更豐富。

口感清脆鮮甜的綠蘆筍含有豐富的礦物質，襯托出馬鈴薯泥的綿密，展現多層次食感。

醋、鍋粑、豆腐組成的美味三重奏

紫蘇花穗三盛合 | 1 人份

水雲是一種形如髮菜的海藻類,盛產於琉球一帶,含有大量「多醣」,能預防胃潰瘍及抗癌。搭配鍋粑的牛蒡含有豐富膳食纖維,被稱作天然的清血劑。三重奏的尾聲是豆腐,不同於市面上的豆腐,加入鮮奶於有機的無糖豆漿,天然健康。

水雲果物醋

• 材料 • 水雲－適量、寒天脆藻－適量、秋葵－2 根、紫蘇花穗－少許

• 佐料 • 柳橙汁－30 c.c.、金桔汁－30 c.c.、味醂－3 c.c.

• 作法 •

1 水雲泡檸檬冰水冰鎮 15 分鐘,取出後濾乾。
2 秋葵汆燙後去籽(才不會帶苦澀味)剁細末。
3 以寒天脆藻鋪底,再鋪上水雲及秋葵泥,淋上柳橙、金桔、味醂調和的醬汁。

紫米鍋粑

• 材料 • 牛蒡－1 支、紫米鍋粑－1 片、埃及豆－少許、毛豆仁末、紅甜椒末－少許

• 佐料 • 胡椒粉－少許、鹽巴－少許、素美乃滋－適量

• 作法 •

1 先將牛蒡削片,捲成圈狀用牙籤穿透固定後,放入 140 度油鍋中酥炸至金黃。
2 紫米鍋粑則用 180 度油炸,灑上胡椒粉。
3 埃及豆用冷水泡 3 小時至軟,去除外殼後,加入適量鹽巴、少許水煮透後濾乾備用。
4 將埃及豆拌入素食美乃滋,毛豆仁末、紅椒末,放置入牛蒡捲裡。

雪江豆腐

• 材料 • 豆漿－75 c.c.、鮮奶－75 c.c.、無糖鮮奶油－30 c.c.、寒天粉－1 克

• 佐料 • 鹽巴－1 克、糖－6 克、海苔粉－適量

• 醬汁材料 • 醬油膏、甜辣醬－30 c.c.、冷開水－25 c.c.、鮮桔汁－10 c.c.、
　　　　　　蜂蜜－2 克

• 作法 •

1 將豆漿、鮮奶、寒天粉拌入鍋中加熱至 90 度,期間不停攪拌,再加入糖、鹽、無鹽鮮奶油稍微調勻即可關火,待涼後放入冰箱冷藏。
2 將步驟 1 的成品切塊,灑上海苔粉,淋上事先調勻的醬汁即可。

由水雲果醋到豆腐，味覺層次由淺入深，濃淡有致，但不失每道菜原有的養生精神。

芝麻成主角，豆腐變時尚

和風黑芝麻豆腐 | 2～3 人份

山外山創意料理蔬食餐廳

根據《本草綱目》，久服芝麻可以達到明眼、身輕及防老的功效。
芝麻的營養成分主要有脂肪、蛋白質、維生素、膳食纖維及多種微
量礦物質，其中黑芝麻的鈣、鐵含量遠高於白芝麻。芝麻的脂肪含
量雖多，但其脂肪酸多對人體有益，可以抗氧化、預防老化，主要
的「亞麻油酸」是人體的必需脂肪酸，黑芝麻中也含有頭髮生長的
所需的脂肪酸，有助於維持頭髮健康。

・材料・

生花生片去皮－半斤
熟黑白芝麻－各 2 兩
小黃瓜－半條
烤腰果－ 2 兩
芝麻醬－ 1 小匙
玉米粉－ 2 兩
洋菜（或果凍粉）－半兩

・佐料・

a
冰糖－半兩
鹽－ 4 錢
橄欖油－ 3 兩

b
香菇素蠔油－ 1 大匙

・作法・

1 花生片加水 4 斤煮滾後轉小火煮 1 小時，待花生片軟爛
後放涼，加入黑、白芝麻並以果汁機打成細泥。

2 加入玉米粉、果凍粉及佐料 a 繼續打至均勻。

3 取不銹鋼鍋加入打好的花生漿，開中火並以打蛋器攪拌，
至滾後倒入模型待其冷卻，放入冰箱冷藏 2 小時後，即
可依喜好切盤。

4 b 加涼開水（1 比 2）調勻淋在切好的黑芝麻豆腐上，再
擺上切圓薄片的小黃瓜及烤好的腰果即可。

5 可再加上少許海苔絲更添風味及美觀。

・Tips・

1 芝麻花生漿加熱過程中須不停攪拌，以免糊鍋。

2 模型可依個人喜好如奶酪杯、布丁杯等，但勿使用塑膠
材質之容器。

・擺盤・

1 黑色的芝麻豆腐上端可放上腰果、小黃瓜片，讓色彩有
更多變化。

2 使用透明小碟子盛盤，視線更透明，藉此營造出豆腐的
清涼感。

point

・食材搭配術・

芝麻的營養價值高，拿來
製成豆腐，可以有細嫩的
豆腐口感。

芝麻的營養價值極高，富含人體不可缺少的優良脂肪酸，抗氧化又防老。

青海苔搭豆腐，帶出潮汐大海味

和風花生豆腐 | 1 人份

漢來蔬食健康概念館（佛館店）

花生豆腐由天然食品花生製作而成，白嫩潤香。花生富含蛋白質、
脂肪酸及膳食纖維，是天然的低鈉食物。具有降血脂，預防心血管
疾病、糖尿病和抗癌的功效。豆腐富含色胺基酸、鐵、鈣等，能降
低三酸甘油脂，避免骨質疏鬆，強化免疫功能，更能預防癌症。

・材料・
花生豆腐或嫩豆腐－1 塊
新鮮山葵泥－少許
澎湖青海苔－少許
熟白芝麻－適量

・佐料・
金蘭油膏－ 100 克
糖－ 40 克
薑泥－ 3 克
礦泉水－ 40 克

・作法・
1 將油膏、糖、薑泥、礦泉水一起放入果汁機打勻，倒入容
器中備用。
2 豆腐切小塊，上面擺上新鮮山葵泥、青海苔、熟白芝麻，
淋上少許醬汁即可。

・擺盤・
白色的豆腐盛放在黑色的小碟子裡，黑白對比具藝術感。而材
質厚實的碟子也能增添豆腐的份量感。

・Tips・
如不喜歡山葵的嗆味也可改用芝麻醬、山藥泥等食材代替。

point

・食材搭配術・

花生豆腐加上青海苔，引
出大海的味道。

彩椒當食器，豆腐變繽紛

彩椒繽紛豆腐 |1人份|

綠舍奇蹟健康蔬食

紅、黃甜椒搖身一變成天然的食器，讓豆腐料理鮮豔多變又繽紛。
甜椒比青椒更富含水分，肉質厚實鮮脆，適合生食。甜椒中的 β 胡
蘿蔔素及維生素C能增強人體免疫力、抗氧化、抗衰老。紅、黃甜
椒盛裝的豆腐中，加入了荸薺這個食材，荸薺比起其它根莖類蔬菜
富含更多的磷，對人體的生長發育有很大好處。

・材料・
紅甜椒－1顆
黃甜椒－1顆
有機板豆腐－1盒
荸薺－4個
乾香菇－4朵
胡蘿蔔－半條
鳳梨－1/4顆
毛豆仁－適量

・佐料・
鹽－1小匙
香菇粉－2小匙
白胡椒粉－少許
黑胡椒粉－少許
素蠔油－少許

・作法・
1 紅、黃甜椒先洗淨切除1/4處的蒂頭保留備用，挖
　除甜椒心籽當填充食材容器。
2 豆腐絞碎與香菇、胡蘿蔔荸薺切丁用油先炒香，再
　加鳳梨丁與毛豆仁一起拌炒，調味好將炒好的餡料
　填入甜椒內，再把蒂頭蓋上當裝飾。

・Tips・
用顏色明亮的蔬菜裝飾盤底，視覺效果更佳。

・食材搭配術・
紅甜椒、黃甜椒色澤美麗，
去籽後填入白色的豆腐，
將豆腐襯托得更可口。而
其清脆、甘甜的特質也讓
豆腐不過於乾澀。

馬鈴薯淋泰式醬汁，爽脆酸甜

泰式椒麻積 | 2～3人份

山外山創意料理蔬食餐廳

馬鈴薯的主要成分是澱粉，在歐美國家被當作主食，富含維生素 C
及鉀，還有蛋白質、維生素 B1、鈣、鐵等營養素。維生素 C，可預
防壞血病，增加皮膚對紫外線的抵抗能力，在歐洲被稱為「大地的
蘋果」。不同於大部分以油炸的方式烹調，馬鈴薯切絲後冰鎮食用，
口感更清脆爽口，也能避免維生素被高溫破壞流失。

· 材料 ·

大麵筋－2 條
馬鈴薯－半個
碧玉筍－4 支
牛番茄－半個
紫高麗菜葉－1 片
小黃瓜－1 條
辣椒－1 支

· 佐料 ·

白醋－1.5 大匙
細白砂糖－1 兩
淡色醬油－1 兩
檸檬－1 個壓汁
花椒粉－1／3 小匙
香油－1 小匙
花椒油－1／2 大匙

· 作法 ·

1 大麵筋切厚片，起油鍋以八分熱之油溫放入麵筋，炸至外
皮金黃酥脆，撈起瀝乾油備用。

2 馬鈴薯切絲泡水、沖掉澱粉質、瀝乾。

3 碧玉筍、紫高麗菜、紅辣椒、小黃瓜切絲沖水後瀝乾，牛
番茄切小丁備用。

4 備半鍋涼開加入1碗冰塊將切絲之材料泡入冰開水中 20
分鐘後，取出瀝乾加入番茄丁。

5 另取 1 大碗，將調味料全部加入大碗內攪拌溶解。

6 將炸好之麵筋塊放置於深碗中。

7 醬汁及切絲材料、番茄丁等拌勻，置於炸好的麵筋塊上即
可。

· Tips ·

馬鈴薯切絲後沖水，可讓澱粉質消失，泡冰開水可使食材更
清脆爽口。

· 擺盤 ·

利用帶有清涼感的透明食器盛盤，讓料理更清爽，特別適合
溽暑時節。

· 食材搭配術 ·

馬鈴薯切成細絲涼拌，配
上炸過的大麵筋製造咬
勁，讓脆口的馬鈴薯絲增
加不同口感。

冰鎮馬鈴薯留住最天然「大地的蘋果」，養分不流失，養生又自然。

筍丁加素火腿,蔬食界的生菜蝦鬆

玉葉吉祥鬆 | 2～3 人份

養心茶樓

綠竹筍是台灣最受歡迎、風味最佳的鮮食竹筍。其營養成分有蛋白質、纖維素、維生素 C、維生素 A、維生素 B1、維生素 B2。豐富的膳食纖維可以促進腸胃蠕動,有助排便。此外,每 100 克的綠竹筍,只含 22 大卡的低熱量,不易造成肥胖。素火腿的原料是大豆蛋白,因此富含蛋白質,對於蔬食主義者是極佳的蛋白質攝取來源。

• 材料 •

蘿蔓生菜－ 500 克
杏鮑菇－ 1 條
綠竹筍－ 1 支
乾香菇－ 4 朵
甜紅椒、甜黃椒－各 10 克
馬蹄－ 4 顆
中芹、素火腿－各 10 克
油條－ 1 條

• 佐料 •

香菇雞粉－ 1 克
素蠔油－ 1 湯匙
水－ 2 湯匙
胡椒粉、香油－少許

• 作法 •

1 杏鮑菇、紅椒、黃椒、筍丁、馬蹄(洋地瓜亦可)、中芹菜、素火腿全部切小丁。

2 油鍋以 90 度油溫放入杏鮑菇、香菇、筍子炸過,至香菇有香氣,倒入、將油瀝乾放入素蠔油、香菇粉、胡椒、水拌炒 5 下,勾芡香油。

3 所有食材放入生菜上即可。

• Tips •

材料入鍋時不能炒太油,以免失去清爽口感。

point

• 食材搭配術 •

彩椒清脆多汁、素火腿帶嚼勁,和筍丁、杏鮑菇搭配放在生菜葉上,紅、黃、白、綠各色到齊,配色讓人胃口大開。

綠竹筍水分十足且口感清脆，不僅富含膳食纖維，熱量又低，吃出曼妙體纖好身材。

白蘿蔔絲加在來米，打造另類豆腐風情

唐草豆腐 │1人份│

白蘿蔔是這道仿豆腐口感料理的主要角色，富含維生素 C、微量的鋅及膳食纖維，可以增強免疫系統能力，促進腸胃蠕動。加入在來米粉，彷如替這道完全沒有黃豆的豆腐料理施了魔法，使白蘿蔔黏稠結晶，展現滑順豆腐質地。

•材料•

白蘿蔔－80 克
紅蘿蔔－10 克
川耳絲－15 克
乾香菇－2 朵
在來米粉－30 克

•佐料•

胡麻蘿蔔醬－適量

•作法•

1 將乾香菇、川耳絲泡發後爆香，放入白蘿蔔拌炒至出水，加入蔬菜高湯 150c.c.，拌入在來米粉小火炒至結塊。
2 放入耐熱容器，置入蒸籠兩小時，取出冷卻後切塊即可，吃時可淋上胡麻蘿蔔醬。

•Tips•

蔬菜高湯建議採用大白菜、台芹、紅蘿蔔、白蘿蔔熬煮最甘美。

•擺盤•

使用和風碗盤盛裝豆腐，淋上胡麻蘿蔔醬，美感十足。

高麗菜製泡菜，美味抗氧化

私藏手工日式泡菜 |1人份|

高麗菜是營養價值極高的蔬菜，富含維生素及促進排便的膳食纖維，
鈣、鐵、磷的含量在各類蔬菜中名列前茅，研究也證實高麗菜含有
硫配醣體等抗癌成分，能降低癌症發生的機率。

・材料・
高麗菜－3 顆
紅蘿蔔－150 克

・佐料・

果物醋－600c.c.
香油－150c.c.
辣油－150c.c.
味醂－50c.c.
韓式辣椒粉－15 克
鹽－少許
糖－280 克

・作法・

1　先將高麗菜剝瓣，用少許鹽搓揉放置在架高的濾洞鍋子中，
　上頭再放著盤子或任何可衛生隔絕的物品，以水桶壓乾，
　靜置一夜。

2　隔天用果汁機把紅蘿蔔、果物醋、韓式辣椒粉等佐料打至
　呈現木瓜牛乳色系的乳化狀態。

3　將乳化調味料淋上高麗菜，放入冰箱醃製四小時，即可
　食用。

・Tips・
步驟 3 需將調味料稍微蓋過高麗菜，使之更易入味。

point

・食材搭配術・

因台灣氣候潮溼，腸胃易
不適，且製作泡菜的白菜
性質偏寒，因此建議以高
麗菜取代。

米食

"

懷念幼時吃豬油拌飯的滋味？外出旅行不想買外食，自己帶便

當又很麻煩？

米食料理中的多道簡易食譜，帶領你用蔬食找回豬油拌飯的感

動香氣，快速製作易於攜帶又能飽足的外出便當。

"

蔬菜高湯熬粥，意猶未盡的魔力

滿足 |2人份|

▍麟 Link の手創料理

蔬菜高湯的美味，打造出簡單而樸實的幸福，這是一道由蔬菜高湯
熬煮的粥，簡單上菜，卻同時能達成現代人對於美味健康的需求。
兒時母親親手熬煮的粥，入口即化的美味是不少人意猶未盡的回憶，
不只溫暖了胃，更溫暖了記憶中的那份悸動與窩心。

• 材料 •
米－1杯
蔬菜高湯－適量
芹菜末－少許

• 佐料 •
蔥油－少許
胡椒粉－少許

• 作法 •
1 先將米泡軟備用。
2 以蔬菜高湯加入蔥油下去熬煮至米粒化掉。
3 熬煮好後加入些許胡椒粉及芹菜末即可。

• Tips •
熬越久糜越多。

point

• 食材搭配術 •
蔬菜高湯家家作法各異，但裡面皆飽含蔬菜精華，用來
熬粥再適合不過，熬得時間越久，越能吸收蔬菜的甘甜，
讓整碗粥有滋有味。

簡單上菜，卻同時能達成美味與健康，不只溫暖了胃，更溫暖了記憶中的那份感動。

奶蛋

燉飯加番紅花，創造高雅香氣

番紅花甜豆燉飯 |5 人份|

THOMAS CHIEN 法式餐廳

以鮮美的甜豆仁入菜，搭配色彩豔麗具有鎮靜、活血去瘀性質的番紅花，創造高雅的燉飯。用蔬菜高湯燉煮入味，以分次加水的方式將米飯煮得香味撲鼻，番紅花甜豆燉飯融合了東方的米食智慧與西方的珍貴的番紅花，為料理譜下了一曲美麗的詩篇。

• 食材 •

洋蔥碎－ 50 克
義大利米－ 500 克
蔬菜高湯－ 1300c.c.
番紅花－少許
甜豆仁－ 50 克

• 佐料 •

橄欖油－ 50c.c.
白酒－ 30c.c.
起士粉－ 30 克
鹽－少許
胡椒－少許

• 作法 •

1 將洋蔥碎以橄欖油炒香。
2 放入番紅花、義大利米與蔬菜高湯燉煮至 7-8 分熟。
3 放入甜豆仁及所有佐料調味即完成。

• Tips •

燉飯以七分熟最好吃，分次加水是關鍵，得邊煮邊攪拌，邊加入素高湯，燉飯口感才不會過爛，也才能外軟內 Q。

• 擺盤 •

1 將飯以模型塑形，中間飯是小圓，盤子則是一個大圓，構成有趣的幾何圖案。
2 使用樸素、自然感的盤子盛裝，給人一種在天地山林間用餐的感覺。

point

• 食材搭配術 •

1 番紅花是種高級食材，香氣高雅，特別適合和海鮮、甜味食材搭配。像這到燉飯中的甜豆仁，就很適合以番紅花提味。
2 一顆一顆的甜豆仁點綴在金黃色的燉飯中，色彩美麗，其甘甜的口感也讓飯更有滋味。

蔬菜高湯

• 食材 •

乾香菇－ 200 克、洋菇、白蘿蔔、高麗菜、西洋芹、紅蘿蔔各－ 1000 克，水－ 6 公升

• 作法 •

1 所有蔬菜洗淨，體型較大的蔬菜可切成大塊狀。
2 將所有食材與水放入大鍋中，以大火煮開。
3 水滾後，轉小火再煮 3 小時，過濾即完成。

以鮮美的甜豆仁與珍貴的番紅花入材，為中西料理的智慧譜下一曲美麗的詩篇。

奶蛋

野菌的最佳搭檔，黑松露香氣繚繞

黑松露蘑菇燉飯 |5 人份|

▌采采食茶

黑松露常被喻為「餐桌上的黑鑽石」，其高雅獨特的香氣令人神魂
顛倒。化身醬料徹底融合在野菇和義大利飯之間，讓每一口燉飯除
了口感彈牙之外，還飽含黑松露奔放的餘香。最後灑上黑鑽石薄片，
完美展現它生食或熱煮的高配合度，為燉飯帶出平凡中的不平凡。

• 食材 •

大蒜 — 2 顆
乾蔥 — 1 顆
洋蔥 — 1/4 顆
義大利米 — 150 克
蘑菇 — 4 朵
黑松露 — 少許
乾起司 — 4 片
嫩菠菜、地瓜絲 — 少許

• 佐料 •

橄欖油 — 2 大匙
白酒 — 2 大匙
蔬菜高湯 — 500c.c.
動物性鮮奶油 — 1 大匙
鹽 — 少許

• 作法 •

1 將一點黑松露切碎備用。
2 大蒜、乾蔥及洋蔥切末下油爆香，再放入黑松露，加入白
　酒增味。
3 放入義大利米拌炒，先加入 1/2 高湯，拌炒後放切碎的蘑
　菇，再加入另外的 1/2 高湯即完成。

• Tips •

1 起鍋時拌入鮮奶油，品嚐起來滑順感大增，加強食物的香
　氣。
2 義大利燉飯由炒米到燉煮完成需時 15 ～ 20 分鐘，在烹調
　的過程中試吃米粒的軟硬度有助判斷，別讓米飯過熟以致
　口感變差。

• 擺盤 •

將黑松露刨片和起司一起鋪在燉飯上，再放上嫩菠菜及地瓜
絲裝飾，盤面的色彩為傳統燉飯帶來新鮮感。

「餐桌上的黑鑽石」——黑松露，其高雅獨特的香氣，令人神魂顛倒。

松露醬搭時蔬，提升燉飯質感

松露什錦燉飯 | 2～3 人份

山外山創意料理蔬食餐廳

以健康取向的五穀紫米飯做為基底，加入各色蔬果，燉飯其實也可以吃得很健康美味。濃濃的牛奶與高湯，將美味煮進了鮮甜的時蔬，最後淋上松露醬畫龍點睛，讓燉飯不再只是普通的燉飯，巧妙的食材搭配賦予異國料理另一番新生命。

• 材料 •

白飯－2 碗	生香菇－1 大朵
五穀紫米飯－半碗	蘑菇－2 個
青花椰菜－4 小朵	甜豆仁－10 粒
白精靈菇－3 支	紅、黃甜椒－少許
玉米筍、芹菜－各 2 支	烤松子、起司粉－少許

• 佐料 •

松露醬－2 小匙	橄欖油－半大匙
鮮奶－1 大匙	素高湯－2 碗
糖、鹽、白胡椒粉－少許	

• 作法 •

1 芹菜切花，白精靈菇、生香菇、玉米筍、紅黃甜椒、蘑菇切小丁。

2 起鍋放水將花椰菜燙熟撈起備用，再將其他切小丁之材料及甜豆仁、玉米粒等放入滾水中，汆燙後撈起瀝乾備用。

3 起鍋放入橄欖油，稍燒熱放入芹菜花爆香再加入素高湯。

4 將汆燙完成之花椰菜及鹽、糖、白胡椒粉放入高湯中，略煮入味後，撈起備用。

5 將切丁汆燙好之全部材料及飯加入高湯中，以小火燜煮至快收乾湯之後，再加入鮮奶及松露醬，以小火燉至湯汁收乾後即可盛盤。

6 灑上松子及起司粉，花椰菜置旁邊即成。

• 食材搭配術 •

1 時蔬燉飯很常見，不喜歡吃蔬菜的人也許會排斥，但加了松露醬提味後，燉飯將會呈現完全不同的風味，值得一試。

2 飯上灑上適量起司粉，略帶點鹹味的口味和加了鮮奶的燉飯一同入口相當對味。

• Tips •

鮮奶不可太早加，否則味道將會變濁，也易焦糊。

• 擺盤 •

燉飯顏色較淡，綠花椰菜和松子可增加盤面的色彩變化，同時提升盤面律動感。

【用牛奶與高湯將美味煮進新鮮的時蔬中，搭配松露醬，完美地襯托出燉飯的高雅與氣質。】

牛蒡炒香，蔬食版豬油拌飯現身

懷舊米茄牛蒡卷 |1人份|

山玥景觀餐廳

牛蒡一直都是養生料理中不可或缺的食材，除了含有多項人體所需的胺基酸外，在藥理上更具有抑制腫瘤生長與止瀉等功能。將牛蒡炒香後，搭配清甜爽口並富含多項維生素的茄子，色香味俱全的養生米食，給予蔬食者超乎期待的滿足。

• 材料 •

茄子－1條
牛蒡－1條
小豆苗－少許
甜菜根－適量
白飯－1碗

• 佐料 •

醬油－ 50 克
味醂－ 30c.c.
香油－ 20c.c.

• 作法 •

1 茄子削成薄片氽燙備用，留少許牛蒡，與甜菜根一同切絲備用。
2 把佐料和牛蒡炒熟拌入白飯後，捲入茄子中，蒸過備用。
3 接著放入甜菜根和小豆苗即可。

• Tips • 氽燙茄子時，水務必蓋過茄子以免變黑。

• 擺盤 •

1 米飯捲進牛蒡薄片中，放進一格格的長形盤子裡，創造西式糕點般的小巧精緻感。
2 圖中鮭魚卵貌的圓球是師傅以紅蘿蔔為食材、特殊技法製成，在家中較難製作，但米飯上仍可以豆苗和甜菜根絲堆疊裝飾，增加色澤和立體感。

point

• 食材搭配術 •

1 牛蒡絲炒香後，用以模擬出豬油的香氣，並增添口感。
2 醬油、味醂和香油，三種調味料調和出豐富的香氣，也為飯增添潤滋味。

牛蒡與茄子富含多項人體所需的養分，清新可喜的組合打造出色香味俱全的養生米食。

新鮮薑黃拌時蔬，異國風味飄香

薑黃檸香蔬菜拌炒飯 | 3 人份

小夏天

這道拌炒飯的靈感，源自越南避暑山城大勒，那兒盛產蔬果花卉，藍天白雲花團錦簇。以新鮮薑黃木質花香爆香，炒入隨手可得的蔬菜丁，最後以檸檬的酸甜提味，依個人口味撒上花生粒、黑胡椒或香菜，簡單家常味也可飄出異國風情！

• 材料 •

紫洋蔥丁、紅蘿蔔丁－各 100 克
杏鮑菇丁、生香菇丁－各 50 克
高麗菜絲－ 200 克
米飯－ 300 克（約 2 碗）
小黃瓜－ 50 克

• 佐料 •

薑黃－ 20 克（可以薑 10 克取代）
油－ 1.5 大匙
醬油、糖－ 1 大匙
檸檬－半顆
鹽、黑胡椒粒－各少許
香菜、花生粒－各少許

• 作法 •

1 將高麗菜切細絲，其他蔬菜切 0.5 公分小丁備用。
2 薑黃搗碎，油入炒鍋小火爆香後，再入紫洋蔥稍炒後，依序加紅蘿蔔、杏鮑菇和生香菇，隨後再加鹽糖醬油調味，最後拌入高麗菜絲與米飯中火快炒，起鍋前灑上檸檬汁。
3 小黃瓜丁、黑胡椒、香菜與花生粒，隨炒飯擺盤上桌。

• Tips •

冷飯翻炒速度要快時間稍久，高麗菜絲可慢點放，若是剛煮好的飯，同時間一起快速拌炒均勻即可。

point

• 食材搭配術 •

1 炒飯是米飯再運用的家常料理，選用少出水的食材，把握一開始爆香與最後入飯拌炒的小技巧，再加一點調味，人人皆可炒出一盤屬於自己的營養創意好滋味。
2 炒飯上灑入不同的堅果，新鮮香菜或蔬果小丁，也是變換口味的好方法。

新鮮薑黃加入隨手可得的蔬菜，健康又美味。

豆皮代替蛋，美味又健康

黃金蛋炒飯 |2 人份|

綠舍奇蹟健康蔬食

沒有雞蛋也能做出完美的蛋炒飯，健康的蔬食入菜，搭配豆皮製的蛋與美麗的擺盤，黃金蛋炒飯不再只是普通的炒飯，而是一道彷彿藝術品般的料理，紫色、黃色、紅色與綠色，各式的繽紛躍然於餐盤之上，予人美食饗宴的全新感動。

・材料・

洋蔥－半顆
豆皮－ 2 片
胡蘿蔔、乾香菇－ 50 克
青蔥－少許
白飯－ 2 碗

・佐料・

油－ 2 匙
鹽－ 2 小匙
香菇粉－ 2 小匙
白胡椒粉－適量

・作法・

1 洋蔥去皮切丁、乾香菇泡軟擠乾切丁、豆皮切末下油爆香。
2 胡蘿蔔切丁與步驟 1 材料拌炒加入白飯炒均勻後，調味好撒上蔥花，快速拌勻即可盛盤。

・Tips・

豆皮也可用豆泥或板豆腐替用，主要代替雞蛋炒飯，使用非基因改造豆製品較安全健康。

・擺盤・

1 紫色、綠色蔬菜切絲後堆疊於蛋炒飯上，營造出山一般的高度。
2 飯旁邊可用水煮或油煎的切花香菇、黃色櫛瓜等做擺飾，不需要過度調味保留自然感，多樣化食材也豐富了整個盤面。

point

・食材搭配術・

1 豆皮取代雞蛋製成蛋炒飯，軟嫩口感一點都不會比真正的蛋遜色。
2 青蔥除了增加香氣，也為米飯增加了綠意。

沒有雞蛋的蛋炒飯，以鮮美時蔬入菜，打造出藝術級的美食饗宴。

豆包、馬鈴薯製素鰻，以海苔提出大海的味道

日式蒲燒鰻飯 │1人份│

┃芭舞巷・花園咖啡

以豆包與馬鈴薯打造的日式蒲燒鰻，搭配新鮮蔬菜與日式海苔，以
健康美味的原則以及日式職人精神，讓素食版的日式蒲燒鰻創造出
料理中另一番美感與和諧。

・素鰻材料・

豆包－2片、馬鈴薯－半粒蒸熟、海苔－1張

・佐料・

水－30克、油膏－15c.c.、黑醋－15c.c.、白醋－10c.c.、
糖－40克

・作法・

1 豆包切絲加入馬鈴薯拌勻，平鋪於海苔片上，壓成片狀
　後入油鍋炸。
2 起鍋後切成片狀加入調味料即可。

・炒飯材料・

菜脯－15克、芋頭－15克、飯－200克、枸杞－5粒、
百果－3粒

・作法・

1 將菜脯、芋頭等配料先下鍋爆香。
2 再加入白飯炒熟即可。

・擺盤・

1 常見作法是將蒲燒鰻當作一道菜，裝在另一個盤子裡，
　畫面中則將飯和蒲燒鰻結合在同一個長形盤面中，在下
　面堆疊綠色蔬菜，增加高度，使其和一旁的飯落差不會
　太大。
2 炒飯上以紅色的枸杞點綴，具有畫龍點睛的效果。

point

・食材搭配術・

1 豆包和馬鈴薯、海苔等都
　是日常生活中隨手可得的
　食材，豆包和馬鈴薯包入
　海苔中，模擬出鰻魚口
　感，相當好吃。
2 炒飯中加入芋頭，讓飯有
　另一種滋味。

{以馬鈴薯與豆包為材，敲醒了日式蒲燒鰻的活力。在美味之外，更具備了和平與慈悲的心懷。}

蘿蔓包進壽司，口感爽脆清甜

創意壽司 |1人份|

鈺善閣

酪梨不但含有蛋白質、胡蘿蔔素，還有纖維質，並擁有植物中少見的大量油脂，因此被歸為脂肪類食物。有別於一般壽司大量使用生魚片等動物性食材，源自於加州的酪梨壽司，可說是讓西方人接受日本料理的大功臣，不但有創意，更有環保寓意。

• 材料 •
酪梨－100 克
素鬆－20 克
蘿蔓－1 葉
全開海苔－1 張
白米飯－500 克

• 佐料 •
白醋－60 克
鹽－3 克
糖－30 克
沙拉醬－25 克

• 作法 •
1　將酪梨、蘿蔓切成條狀備用。
2　將白醋、鹽、糖倒入鍋，加熱至 75 度備用。
3　將步驟 2 的醬汁倒入白飯中，攪拌均勻並散熱。
4　待白飯冷卻後，將其平鋪在海苔上，翻面後鋪上酪梨、素鬆、蘿蔓、沙拉醬，捲起來即可。

• Tips •
步驟 2 加熱至糖、鹽溶解程度即可。

• 擺盤 •
1　使用和風味濃厚的小碗盛裝壽司，營造日式風情。
2　以木頭製成的器材墊高碗盤，高度讓壽司更具質感。

point

• 食材搭配術 •
蘿蔓葉多半用於生菜沙拉上，這裡和酪梨、素鬆等材料搭配，為壽司營造出爽脆口感。

壽司多用海鮮為食材，使用酪梨入菜，不僅美味又能減少對海洋資源的傷害。

以純正黑麻油為米飯添靈魂

什錦蔬菜清香米飯　|1人份|

淨水琉璃

這道炒飯使用了具有豐富維生素 C 的紅黃甜椒，除了可以增加料理的色彩外，內含的微量元素與維生素 K 更有著預防牙齦出血的輔助功能。料理以菇類與甜椒做為主旋律，並以麻油與九層塔提香提味，是每位米食達人心中不可或缺的佳餚。

• 材料 •

鴻喜菇－50 克
精靈菇－50 克
松子、九層塔、茄子－各少許
麻竹筍－100 克
紅甜椒、黃甜椒－各 10 克
白飯－1 碗

• 配菜 •

醃漬聖女番茄－適量
（去皮番茄放入梅精、蘋果醋中浸泡）

• 佐料 •

黑麻油、胡椒－少許
鹽－少許
素蠔油－20 克
香菇粉－5 克

• 作法 •

1 鴻喜菇、精靈菇切丁後下鍋與黑麻油一塊炒香。
2 茄子切丁後泡水，麻竹筍去外殼後切小丁過水汆燙至熟。
3 紅、黃甜椒切小丁，九層塔切小丁，松子烤熟備用。
4 將其他切丁的材料一起與作法 1 下鍋拌炒均勻。
5 加入白飯、佐料一起炒香即可。

• Tips •

麻竹筍務必先汆燙過，以去除澀味。

• 擺盤 •

1 可將米飯倒入碗中塑形，倒扣出來到略有弧度的大圓盤上，有立體感看起來更漂亮。
2 紅、黃甜椒用量不多，主要作用在點綴，倒扣時需注意不要全包進米飯球裡，以免失去點綴功能。若技術上有困難，可留一、兩個彩椒丁，待米飯倒扣至盤面上後，再以小夾子輔助點綴。

point

• 食材搭配術 •

1 加了黑麻油的米飯帶點油亮色澤，既添香氣又增色澤。
2 紅、黃甜椒用量不多，最主要功能為點綴盤面；盤面四周的九層塔碎不但使香氣更多元，綠色還使人聯想到大自然，彷彿置身於森林中。
3 松子屬堅果類，咀嚼時帶脆度，為軟嫩的米飯增添豐富口感。

【具豐富維生素 C 的紅黃甜椒，搭配健康養生的菇類與黑麻油，是米食達人的健康首選。】

胡麻油提味，讓飯更美味

鮮採米丸子 |2～3 人份|

綠舍奇蹟健康蔬食

將拌炒過後的香菇丁、胡蘿蔔丁、松子與蘿勒，包入小巧可愛的米丸子中，即可簡單創造出日式新食感。鮮採米丸子以大地自然的原味為主軸，簡易可得的食材，卻有著豐富的層次感與美味，外層可依個人喜好分別裹上素香鬆、芝麻或是海苔粉，可以隨心所欲創造屬於自己的米丸子。

• 材料 •

白飯－3 碗
乾香菇丁－50 克
胡蘿蔔丁－50 克
松子－適量
蘿勒末－適量
薑末－少許
胡麻油－2 小匙
素香鬆－適量
海苔粉－適量
黑白芝麻－適量

• 佐料 •

鹽－少許
香菇粉－少許
白胡椒粉－適量

• 作法 •

1　胡麻油先煸香薑末，再將香菇丁、胡蘿蔔丁、松子、蘿勒一起拌炒均勻調味。

2　把炒好的餡料包入米飯內，揉成丸子形狀 6 顆，再分別裹上素香鬆 2 顆、芝麻及海苔粉各 2 顆。

• Tips •

盤飾可用適量鮮蔬裝飾，用漢堡專用竹籤裝飾米丸子有視覺加分效果。

• 擺盤 •

1　白色盤面擺上竹葉，營造和式風情。

2　米丸子裹上綠色海苔粉、棕色素香松及黑色黑芝麻後，在長形盤面上錯開擺放，錯落有致更具美感。

point

• 食材搭配術 •

1 米丸子裡面包進乾香菇增添香氣、紅蘿蔔則增加口感和營養，少許松子更為米丸子增添口感。

2 海苔粉、素香鬆、黑芝麻裹在外層，各種不同顏色讓視覺效果更繽紛。

擁有豐富層次與美味，外層可依喜好分別裹上不同外衣，隨心所欲創造自己專屬的米丸子。

紫蘇葉搭蔬菜，創造和風感飯糰

蔬菜飯糰 |1 人份|

在藥理上，紫蘇葉屬於性溫的植物，具有解熱的功用，適用於傷風感冒的紓解。蔬菜飯糰選用新鮮芥菜為材，搭配養生的紫蘇葉，成為了另類的和風飯糰。最後再以各式天然海鹽與芝麻調味，襯托出菜的鮮甜與甘美，打造出米食界閃耀的新秀。

• 材料 •

白飯－ 250 克
芥菜－ 70 克
櫻桃蘿蔔－ 3 顆
液態義式海鹽（芥菜用）－ 15c.c.
液態義式海鹽（櫻桃蘿蔔用）－ 20c.c.
黑芝麻－ 20 克

義式海鹽－少許
海苔粉－ 20 克
紫蘇粉－ 20 克
香鬆粉－ 20 克
紫蘇葉－ 3 片

• 作法 •

1 將芥菜切成細末，噴上義式海鹽醃漬 5 分鐘，將鹽水去除擰乾後備用。
2 將櫻桃蘿蔔切成細末，噴上義式海鹽稍為醃漬 3 分鐘後，將鹽水去除擰乾後備用。
3 將白飯加入義式海鹽攪拌均勻。
4 再加入海苔粉、紫蘇粉、香鬆粉、黑芝麻粉、步驟1和2食材後充分攪拌。
5 把飯糰捏成個人喜好的形狀，在外圍將紫蘇葉沾濕包覆飯糰即可。

• Tips •

1 捏飯糰時一定要將手過淨水，雙手打濕比較容易讓飯糰從手中成形。
2 家中沒有義式海鹽可以選擇鹽份較低的鹽，對健康和口感都比較好。

• 擺盤 •

三角形飯糰平躺時，從側面看不到紫蘇葉的完整樣貌，將飯糰立起來擺放後，一顆一顆的飯糰就像山一樣，營造出可愛感。

point

• 食材搭配術 •

1 若使用易出水的蔬菜，飯糰口感會變得軟爛，因此挑選芥菜、櫻桃蘿蔔等蔬菜包進飯糰，既有菜根香又不易出水影響口感。
2 加入適量義式海鹽，讓飯糰帶有海潮鮮味又不會死鹹。

以芥菜為餡，用天然海鹽襯托料理的甘美，成為米食料理的新秀。

麵食

"

煮麵不用高湯，麵的滋味肯定大打折扣，偏偏葷食中常用的大骨湯又不能用在蔬食料理中，用蔬菜熬高湯又擔心味道不夠。麵食料理不但要教你做三星蔥麵、義大利麵、月桂長白麵，更要教你運用各種食材豐富不同麵食的口感。

"

奶蛋

雪裡紅搭義大利麵，風味獨具

托斯卡尼雪裡紅手工義大利麵 |1人份|

日光大道健康廚坊

雪裡紅別名雪菜，味甘辛，具有開胃功效；四季豆則能消暑，對脾胃有利。將這兩種蔬菜加進手工義大利麵中，不僅能讓麵的營養更豐富，還增進不同口感。

・材料・

雪裡紅－ 75 克
四季豆－ 36 克
風乾番茄－ 5 瓣
大蒜－ 2 瓣
辣椒－半支
埃及國王菜－ 1 支
手工麵－ 150 克

・佐料・

鹽－ 3 克
糖－ 2 克
白胡椒－ 3 克
起司粉－ 10 克
橄欖油－ 20 克
蔬菜高湯－ 250 克

・作法・

1 雪裡紅洗淨，切段；四季豆洗淨，切段；大蒜洗淨去皮，切薄片；辣椒洗淨，切斜片，備用。

2 取一鍋，倒入橄欖油，開小火，爆香蒜片至金黃色，加入辣椒及風乾番茄炒香，加入蔬菜高湯及手工麵，高湯收至一半時加入四季豆拌炒，起鍋前加入雪裡紅及起司粉拌炒，以鹽和糖調味後即可盛盤。

3 取一盤子，麵上放置風乾番茄和埃及國王菜裝飾，即可食用。

風乾番茄

・材料・

鹽－ 2 克
白胡椒－ 3 克
橄欖油－ 20 克

・作法・

1 牛番茄洗淨後切成六瓣，撒上胡椒、鹽及橄欖油，放入 70 度的烤箱以低溫烘烤四個小時即可。

point

・食材搭配術・

選用較寬的麵條，不僅能讓視覺更豐富，麵中加上雪裡紅、四季豆等蔬菜，讓盤中色彩更加豐富。

義大利麵中，加上雪裡紅、四季豆、風乾番茄，帶來陽光氣息。

櫛瓜與麵疙瘩合奏的交響曲

時蔬麵疙瘩 |4 人份|

▌THOMAS CHIEN 法式餐廳

原產於墨西哥的櫛瓜，在十六世紀歐洲殖民運動時傳進了歐洲，自此成為法式與義式料理中不可或缺的食材。櫛瓜低熱量，又含豐富維生素 C、維生素 K 的特性，很適合重視體重控制的人們食用。櫛瓜與麵疙瘩的結合，創造出富有飽足感又低負擔的輕食料理。

• 材料 •

馬鈴薯麵疙瘩－ 320 克
茭白筍片、杏鮑菇片－ 60 克
綠櫛瓜片、黃櫛瓜片－ 60 克
洋菇片、皇帝豆－ 60 克
蔬菜高湯－ 120 克
奶油－ 50 克

• 佐料 •

起士粉－ 30 克
鹽－少許
胡椒－少許

• 作法 •

1 將馬鈴薯麵疙瘩以熱水煮熟備用。
2 將所有蔬菜及馬鈴薯麵疙瘩，以蔬菜高湯煮熟。
3 放入奶油、起士粉，以鹽和胡椒調味即完成。

• Tips •

得將蔬菜、菇類分開處理，先煮菇類，櫛瓜、青豆仁最後再放入熬煮，較能保持櫛瓜、青豆仁的原味與口感。

• 擺盤 •

選用帶有大自然感覺的圓盤盛裝麵疙瘩，盛盤後讓黃、綠櫛瓜散落在麵疙瘩當中，營造出一種不做作的美感。

point

• 食材搭配術 •

黃櫛瓜和綠櫛瓜口感鮮甜，和茭白筍相襯得宜，且使用兩種顏色不同的櫛瓜，更能增加白色麵疙瘩的彩度。

奶蛋

鳳梨與小番茄組成的焗烤美味

夏威夷焗烤筆尖麵 | 1 人份

芭舞巷・花園咖啡

鳳梨、玉米與小番茄，在悉心的組合下，與白醬煮透的筆尖麵，化身為充滿幸福感的焗烤料理。香濃的奶香味撲鼻而來，就宛如倚著窗畔，聆聽雨水滴答的兒歌音符般，喜悅而溫暖。

・材料・

筆尖麵－ 200 克
鳳梨－ 2 圓片切片
玉米粒－少許
素火腿－ 3 片切薄片
小番茄－ 4 粒
白醬－適量
雙色披薩絲－適量

・作法・

1 將筆尖麵燙熟後拌橄欖油。
2 將所有材料連同筆尖麵小火慢煮後盛盤。
3 將整個焗烤盤鋪滿雙色披薩絲入烤箱，烤至表面呈金黃色即可。

・擺盤・

使用白色餐盤，看起來較清爽，有助於促進食慾。

point

・食材搭配術・

玉米粒、素火腿、小番茄、鳳梨是老少咸宜的食材，加一點蔬果，營養又美味，讀者也可挑選自己喜愛的食材加入。

鳳梨、玉米與小番茄，在悉心的組合下，與白醬筆尖麵，化身為喜悅而可人的焗烤料理。

三星蔥麵搭黑松露，東西合璧的獨具風味

黑松露三星蔥麵襯烤牛番茄 |1 人份|

▌采采食茶

台灣的好食材不少，像是宜蘭所出產的三星蔥就肥美又香氣濃郁，
和珍貴稀少的松露搭配做麵，味道相輔香成，再加上台灣產牛番
茄，一道中西合璧的美味佳餚就這樣完成了。

・材料・

三星蔥麵－ 200 克
乾蔥、大蒜、洋蔥切細末－各
1 小匙
牛番茄－ 1 顆
生菜－ 30 克
黑松露薄片－ 5 ～ 6 片

・佐料・

橄欖油－ 1 大匙
黑松露醬－ 1 小匙
黑松露油－ 10c.c.
素高湯或水－ 250c.c.
牛奶－ 50c.c.
鹽－適量
糖－適量

・作法・

1. 番茄切片 1.5 公分，淋上少許橄欖油、鹽或黑胡椒，以
   170 度烤 3 至 4 分鐘，取出備用。
2. 先燙麵，大滾後麵入鍋 5 分鐘燙熟撈起備用。
3. 將乾蔥、大蒜、洋蔥爆香，加黑松露炒到香氣出來後，加
   水或蔬菜高湯，此時可加點奶油或牛奶增加滑順口感，再
   放步驟 1 的麵煮至收汁。
4. 以鹽和糖調味，關火之前淋黑松露油，小火翻炒數下使佐
   料和麵乳化，讓味道更融合。

・Tips・

1. 乳化過程應盡量讓油、水、麵融匯在一起，味道才會融合。
2. 建議買寬約 1 至 1.5 公分的三星蔥麵，若買不到可以市
   售寬板麵條取代，另切三星蔥碎，將有不同的口感享受。

・擺盤・

選用稍具深度的圓盤，將麵堆疊起來，再放上番茄、生菜等，
利用高度讓視覺有層次落差。

point

・食材搭配術・

使用宜蘭三星蔥製成的麵條，加上黑松露醬，入口時會先
嚐到濃濃的松露味，隨之而來的是香氣馥郁的蔥香。

宜蘭三星蔥搭黑松露，讓在地食材有不一樣的風情。

牛肝菌搭義大利麵，滋味濃郁

牛肝菌松子麵 |1人份|

赤崁璽樓

牛肝菌味道鮮美，且含有多種人體必須胺基酸；松子則有長壽果之稱，適量攝取能預防動脈硬化。將這兩樣食材加進義大利麵中，不僅具飽足感又營養滿分。

•材料•

義大利細麵條－200 克
奶油－適量
猴頭菇－ 5、6 個
牛肝菌－ 30 克
蘑菇－少許
素高湯－ 1 杯
松子－少許
黑橄欖、蘆筍段－少許

•佐料•

糖、鹽、七味粉、黑胡椒粉、白酒－各少許

•作法•

1 鍋中倒入奶油，爆煎香，接著放入牛肝菌、猴頭菇和蘑菇，拌入佐料炒香。
2 素高湯倒入步驟1，接著放入煮至八分熟的麵條、蘆筍段，翻炒收汁。
3 放入黑橄欖即可，盛盤後可灑上少許松子。

point

•食材搭配術•

淡黃色松子、深黑色牛肝菌配上義大利細麵條，讓整盤麵視覺上有不同層次。

加了牛肝菌和松子的義大利麵，看起來更加可口豐富。

竹炭當墨魚，沒有眼淚的海味

威尼斯之戀墨魚麵 |1人份|

竹炭粉號稱具有體內環保功效，這道菜用竹炭粉模擬墨魚，稍冷吃
或趁熱吃都很適合，清爽單純的風味，宴會或者戶外野餐兩相宜。

・主要材料・

細扁麵－ 170 克

・其他材料・

a
橄欖油－ 20 ～ 25c.c.
薑片－ 3 片
辣椒－ 1 克
花椒－ 3 粒

b
竹炭粉－ 5 克
白胡椒粉－ 2 克
海鹽－ 5 克
蘋果蔬菜調味素－ 8 克

c
海帶芽－ 5 克
舞菇－ 2 克
美白菇－ 3 克
鴻喜菇－ 2 克

d、需切丁的材料
青芒果－ 2 克
蘋果－ 2 克
黃紅彩椒－ 4 克
掛薯－ 2 克

・作法・

1 細扁麵按照包裝袋指示，燙熟撈起沖涼備用。材料 d 分成 3 份備用。

2 材料 a 入鍋爆香後，加入水 30 ～ 50c.c.，加入材料 b 烹煮一會，然後加入材料 c 煮到微微變上色。

3 在鍋中倒入步驟一的細扁麵和 1 / 3 的 d 材料一起炒熟。

4 盛盤，把麵捲起，灑上餘下的 2 / 3 生水果丁即可。

月桂葉煮麵，引出懷石靈魂味

月桂長白麵 |1 人份|

月桂葉是地中海料理中常用的香料，與烏龍麵共煮過後，讓麵條的
風味甘甜中帶有淡雅花香，冰鎮後的烏龍麵 Q 彈帶勁，成為夏季不
可或缺的開胃麵食。

• 材料 •

乾香菇－ 2 朵
蜜香菇－1 朵
月桂葉－ 10 片
讚歧烏龍麵－適量

• 佐料 •

薑片－少許
香菇醬油－少許
味醂－少許
七味粉－適量

• 食材搭配術 •

蜜香菇帶有甜甜的
味道，和烏龍麵一
同入口能讓味蕾綻
放驚喜。

• 作法 •

1 用乾香菇與月桂葉入水熬煮 30 分鐘，過濾加入醬油、味醂、薑片煮滾
放涼成沾麵醬汁。
2 烏龍麵用熱水滾煮後放入冰水冰鎮 5 分鐘，上頭擺上切細的蜜香菇，
即可沾裹醬汁食用。

• 擺盤 •

1 因烏龍麵為白色，盛裝時使用深色碗裝更能突顯其色澤。
2 烏龍麵裝碗後，再放上蜜香菇和一小段綠色蔬菜，讓色彩更有變化。

大豆纖維入麵，仿造瘦肉口感

成都擔擔麵 |1人份|

漢來蔬食健康概念館（佛館店）

以大豆纖維創造瘦肉的口感，並以精選的花生醬、芝麻醬與醬油調和成擔擔麵的美味麵湯。簡單樸實的口感，好上手的料理，讓初學者也能簡單在家享受美好的一餐。

• 材料 •

細麵條－ 150 克

• 配料 •

日清大豆纖維－少許
花椒粉－少許
紅辣油－少許
碧綠筍－ 1 隻（切絲）

• 麵湯 •

花生醬－ 15 克
芝麻醬－ 15 克
純釀造醬油－ 5 克
清水－ 350 克

• 作法 •

1 花生醬、芝麻醬、醬油調勻，加入清水中煮開成麵湯備用。
2 大豆纖維用清水泡 15 分鐘，取出將水份壓乾，放入鍋中炒香，加入醬油、水少許，稍微滷一下，即可起鍋備用。
3 下一把細麵條入滾水中，煮至 7 分熟撈起滴乾水，放置碗中，沖入麵湯、擺上配料即可上桌。

• Tips •

擔擔麵的湯汁較濃郁，所以麵條不要煮太軟，以免沖入麵湯後麵條變爛，糊口影響口感。

point

• 食材搭配術 •

1 麵裡加紅油能帶來香氣又能增進飽足感。
2 大豆纖維帶有瘦肉的口感，讓蔬食麵吃起來也大滿足。

以精選醬料調和成美味麵湯。簡單樸實的口感，好上手的料理，簡單在家享受美好的一餐。

蕎麥麵沾山葵醬，營造日式風味

蕎麥冷麵 |1人份|

赤崁璽樓

蕎麥具有許多人體必需胺基酸，而其中的離胺酸含量更較其他穀類高出許多。另外，由於蕎麥粉之蛋白質為水溶性，所以蕎麥麵就算拿來煮湯，也不會讓營養流失。此外，蕎麥粒因含高蛋白質且不含筋性，所以也很適合減肥者食用。高營養價值的蕎麥麵以山葵醬襯托其清新的口感，營造出日系的精緻風味。

• 材料 •
蕎麥冷麵－150 克
素火腿－少許
海苔絲－少許

• 佐料 •
山葵醬－適量
薄鹽醬油－適量

• 作法 •
1 煮滾水，下蕎麥麵煮 5 分鐘，泡冰開水。
2 素火腿切絲，和海苔絲、山葵醬依個人口味拌蕎麥麵吃。

• Tips •
蕎麥麵煮好後泡冰開水，麵條才不會因為餘熱而糊在一起。

• 擺盤 •
蕎麥麵煮好後放置竹簾上，讓日式風味更鮮明。

point

• 食材搭配術 •
素火腿絲略帶嚼勁，能為蕎麥麵增添不同的風味。

高營養價值的蕎麥麵含有多項人體必需胺基酸，以山葵醬襯托其清新的口感，營造出日系的精緻風味。

鷹嘴豆入咖哩，營養豐富口感佳

鷹嘴豆咖哩佐印度澎澎餅 | 2～3 人份

Aqua Lounge

鷹嘴豆擁有含量極高的人體所需胺基酸與纖維素，加上便於多樣化
烹煮的特性，所以一直以來都很適合糖尿病、高血壓等患者食用。
以鷹嘴豆結合咖哩，拌上印度經典澎澎餅，成為了老少咸宜的美食。

• 材料 •

水－2杯
紅茶包－1個
月桂葉－1片
鷹嘴豆－440克
橄欖油－2大湯匙
洋蔥－1顆切片
去皮番茄－5顆
新鮮香菜葉－1/4杯

胡荽子－1小湯匙磨碎
小茴香、薑黃粉－各1小湯匙
生薑－1小湯匙磨碎
蒜泥－1小湯匙
海鹽－適量
洋蔥－1顆切碎
辣椒粉－適量
印度綜合香料－適量

• 作法 •

1. 將水、紅茶包和月桂葉放入鍋中，直至煮沸，再放入220
   克的鷹嘴豆煮至軟透，再將紅茶包和月桂葉取出，並把鷹
   嘴豆取出，留水備用。
2. 取2大湯匙的橄欖油放入平底鍋中，爆香洋蔥片至軟。再
   將火關掉，冷卻後將剩下的鷹嘴豆、1顆番茄和1/2的香
   菜葉混合在一起。放置一旁備用。
3. 再將多餘的橄欖油放入鍋中加熱，倒入香菜、小茴香、生
   薑和蒜泥後攪拌約15～20秒，直到微焦。接著加入薑黃
   粉，將切碎的洋蔥放入攪拌，最後加入番茄、海鹽、辣椒
   粉和印度香料調味。
4. 等咖哩醬汁煮沸後，滾約5分鐘。再拌入煮熟的鷹嘴豆和
   洋蔥切片混合在一起，再將步驟1的香料水倒入，繼續加
   熱並攪拌約5分鐘，上桌前用香菜葉裝飾即可。

• Tips •

若買不到乾鷹嘴豆可用鷹嘴豆罐頭取代，不需泡水8小時。

• 擺盤 •

土黃色咖哩使用深黑色盤子盛裝，更能製造出高級感。

鷹嘴豆擁有人體所需胺基酸與纖維素，是重要的養生食材，加上咖哩成為老少咸宜的美食。

蔬菜量大滿足的漢堡排

椒香肉堡繼光餅 |1人份|

山玥景觀餐廳

以豆腐補充蛋白質,另外加入了新鮮蔬果,椒香肉堡繼光餅打造出
一道健康又富有飽足感的蔬食美味。擺脫了漢堡的肉食形象,內餡
中拌入了香菇末、紅蘿蔔末與荸薺末,創造了多層次的豐富口感,
搭配新鮮生菜,健康養生取向的美味簡單上桌。

·材料·

豆腐－ 200 克
乾香菇末－ 20 克
紅蘿蔔末－ 10 克
荸薺末－ 50 克
生菜葉－ 1 片
牛番茄片－ 1 片
起司－ 1 片
繼光餅－ 1 個

·佐料·

a
鹽、昆布粉－適量
胡椒粉、玉米粉－適量

b
番茄醬－ 20 克
素蠔油－ 30 克
黑胡椒－ 10 克
A1 醬－ 15 克
梅林辣醬油－ 5 克
奶油－ 15 克
麵粉－ 20 克
水－ 250c.c.

·作法·

1. 把豆腐脱水拌入香菇末、紅蘿蔔末、荸薺末,加入調味料
   a 炸成素肉排。
2. 調味料 b 調成醬汁淋上肉排上蒸 5 分鐘。
3. 把烤過的繼光餅夾入生菜、牛番茄片、起司片、素肉排即
   可。

·Tips·

1. 豆腐水分務必壓乾,下鍋炸時才不會糊掉。
2. A1 醬平時用以沾牛排,但醬料本身使用洋蔥、蒜頭等調味
   料製成,非全素食。

·擺盤·

繼光餅和豆腐做成的素肉排都是色澤較暗的黃色,因此利用
翠綠的蔬菜夾進漢堡,讓色澤有變化同時增進食慾。

point

·食材搭配術·

1 豆腐是取代肉類的重要
食材,可增加飽足感。
2 為了增加口感,豆腐裡
另外加了紅蘿蔔、乾香
菇、荸薺末等,讓口感
更豐富。

內餡中拌入了香菇末、紅蘿蔔末與荸薺末，創造了多層次口感，搭配新鮮生菜，美味簡單上桌。

奶蛋

脆餅夾新鮮食材，天然健康

Pizza 橄欖脆餅沙拉 |1人份|

O&CO. La Table

在托斯卡尼料理中，麵包脆餅具有難以取代的地位，餐點可以從麵包脆餅做為前菜，以麵包脆餅的甜點結束。托斯卡尼麵包脆餅流傳千年的最大特色，就是不加鹽，而是以小麥的純粹香氣，製作簡單、輕脆、樸實不花俏的口感，佐配新鮮食材使料理夾帶橄欖鹹香氣味，滋味無窮。

・材料・

義大利托斯卡尼橄欖脆餅－1 片
莫札瑞拉起司（Mozzarella）
切片－ 30 克
帕馬森起司（Parmesan）－ 2 克
小番茄－ 40 克
綜合生菜－ 20 克
芝麻葉－ 5 克

・佐料・

義式番茄醬－ 30 克
羅勒橄欖油－ 10c.c.
沙拉鹽（使用在麵和沙拉）－ 1 克

・作法・

1 在脆餅上塗上義式番茄醬，再平均擺上莫札瑞拉起司，放入烤箱以 200 度烘烤約 5 分鐘。
2 取出後依序放上綜合生菜、芝麻葉、小番茄，再淋上羅勒橄欖油、沙拉鹽和帕馬森起司即完成。

・擺盤・

選用木質砧板做為盛放器皿，營造夏日野餐風情。並選用多種顏色的綜合生菜並堆疊擺上增加其蓬鬆豐富度，讓料理看起來更可口！

point

・食材搭配術・

擺放於脆餅上的莫札瑞拉起司，也稱作水牛起司，屬於比較軟質的起司，奶香味較濃厚。對於害怕濃厚口味的人，也可以輕易的嘗試看看，綿密牽絲的口感相當好！

以小麥香氣帶出天然美味的好滋味。

115

奶蛋

時蔬與野菇，為披薩增清爽風味

野菇披薩 |1 人份|

以時蔬與野菇入菜，搭配清爽而不膩口的蔬菜醬，讓披薩的風味煥
然一新，在視覺上也給予人清爽而無負擔的享受。

蔬菜醬

· 材料 ·

冷壓橄欖油－200 克
蔬菜（萵苣類）－200 克
腰果－150 克
鹽－10 克

· 作法 ·

1 將蔬菜、冷壓橄欖油入果
汁機攪打均勻。
2 加入腰果打碎增加香氣。
3 加入鹽少許調味即可。

野菇披薩

· 材料 ·

披薩餅皮－1 張
蔬菜醬－60 克
黑胡椒粉－少許
七味粉－少許
青椒絲－1／4 個
牛番茄片－1／4 個
起司絲－50 克
香菇－2 朵
鴻喜菇－1／2 個
杏鮑菇－1 個
起司絲－80 克
綜合蔬菜－60 克

· 作法 ·

1 將香菇、鴻喜菇、杏鮑菇
切片後備用。
2 將披薩餅皮抹上蔬菜醬，
撒上黑胡椒粉、七味粉
調味。
3 放入青椒絲、牛番茄片、
杏鮑菇絲後撒上些許起司
絲，接著放上香菇片、鴻
喜菇絲後，撒上大量起司
絲後，並以黑胡椒粉、七
味粉調味。
4 放入烤箱以 230 度烘烤 7
分鐘後，擺上蔬菜即可。

· Tips ·

若買不到披薩餅皮，也能以
厚土司代替。

番茄、彩椒到齊，像彩虹般的義大利麵

蔬菜野菇沙拉麵 |1人份|

以日式和風蘋果醬取代常見的義大利麵醬，另外以各式色彩繽紛的
蔬果做為配料，各樣菇類一應俱全，徹底跳脫傳統義大利麵的框架。

• 材料 •

義大利麵－150 克
日式和風蘋果醬－40c.c
綜合蔬菜－70 克
起司粉－20 克
聖女番茄－4 顆
黃椒絲、紅椒絲－6 小段
紫洋蔥－6 小段
玉米粒、黑橄欖－少許
櫻桃蘿蔔片－5 片
紫山藥、蘆筍－各 4 小段
日本水菜－40 克
核桃、腰果－30 克
麵包丁－30 克
香菇－2 朵
鴻喜菇－1／2 個
杏鮑菇－1 個

• 作法 •

1 將煮好的義大利麵拌入日式和風蘋果醬備用。

2 將香菇、鴻喜菇、杏鮑菇切片後，放入平底鍋用橄欖油炒香，加入黑
   胡椒、七味粉調味備用。

3 將蔬菜置入碗中，依序放入沙拉材料，再淋上日式和風蘋果醬。

4 放入步驟1、2 食料，擺上日本水菜即可。

• Tips •

麵條可選擇細麵，口感更細膩、輕盈。

熱菜

HOT DISHES
暖胃的美食

"

有了主食，當然少不了熱菜助陣。冒著氤氳熱氣的佳餚散發出令人難以抗拒的美味，早已被挑起的食慾此時更顯得饑腸轆轆，還等什麼？趕緊翻到下一頁找尋配飯搭麵的熱菜料理！

"

橘色蘿蔔搭鮮綠時蔬的自然饗宴

有機胡蘿蔔與時蔬 | 4 人份

THOMAS CHIEN 法式餐廳

用奶油悶煮了二十分鐘的紅蘿蔔，去除了蔬菜腥味，混搭著以蔬菜高湯燙熟的白蘆筍、綠蘆筍與筊白筍，有著濃濃奶香味的料理，充滿了陽光的幸福感。

・主要材料 A・

胡蘿蔔片－ 500 克
奶油－ 80 克
地瓜－一塊

・其他材料 B・

白蘆筍－ 4 支
綠蘆筍－ 80 克
筊白筍－ 4 支
美白菇－ 80 克
熟紅甜菜頭片－ 20 克
青豆仁－ 20 克
芝麻葉－ 20 克
奶油－適量
蔬菜高湯－適量
鹽－少許
胡椒－少許

・作法・

1 胡蘿蔔切小片，與奶油放入鍋中，以小火炒至胡蘿蔔熟透。
2 放入調理機打成泥狀，調味備用。
3 將白蘆筍、綠蘆筍、筊白筍、美白菇、青豆仁以蔬菜高湯燙熟，放入奶油並調味。
4 先在盤上抹一層胡蘿蔔泥，把調味完成的蔬菜依序擺入盤內，再放上甜菜頭片、芝麻葉即完成。

・Tips・

胡蘿蔔得用奶油悶煮 20 分鐘，才不會有一般的蔬菜腥味，風味才會比較好。

・擺盤・

1 選用邊緣帶點不規則的圓盤，展現食材取之於自然的感覺。
2 橘色胡蘿蔔泥和綠色蘆筍、深紅色的甜菜頭片、黃色地瓜擺在盤上，給人協調的感覺。
3 雖然是圓盤，蔬菜卻以長形方式擺盤，讓視覺得以往兩端延伸。

充滿濃濃濃奶香味的料理，將各式營養與美味結合在一起，讓健康在美食中一應俱全。

酸甘甜繽紛素排骨料理

糖醋排骨 |2～3 人份|

浣花草堂

鮮豔討喜的三色甜椒，除能使料理更吸睛，其營養價值也不容小覷；
甜椒具有抗癌、增加免疫力，預防老化、心臟病、中風等疾病；而
以老油條與芋頭條，取代排骨肉，在地球暖化下，更能為守護地球
盡一份力。

• 材料 •

老油條一支（需先脫油脫好）、鳳梨－ 20 克（切片）、青椒－
15 克、紅椒－ 15 克、黃椒－ 15 克、芋頭－ 50 克（切成寬
高各 1 公分 × 長度 4 公分之芋頭條）、酥炸粉－ 30 克、芥
花油－ 30c.c

• 佐料 •

番茄醬－ 40 克、鳳梨汁－ 20 克、糖－ 10 克、水－ 45c.c

• 作法 •

1　把切好之芋頭條炸至金黃，瀝油後冰進冷凍庫，增加其硬
　　度，以便穿進油條。

2　把老油條切成斷後，用芋頭條插入其中。

3　插好之後，撒上酥炸粉，並於上頭均勻撒下 15c.c 的水，
　　用手抓至均勻。

4　再放入溫度約一百七十度之油鍋炸，約四十秒至一分鐘後
　　撈起瀝油備用。

5　芥花油與番茄醬一同入鍋爆香，當番茄醬色澤轉亮紅加糖、
　　鳳梨汁、鳳梨、紅黃青椒拌勻後，再下水煮滾。

6　煮滾後，放入備用之素排骨，均勻炒拌後，即可上桌。

• Tips •

加糖能鎖住番茄醬汁鮮紅，讓糖醋醬色澤看起來更討喜。

point

• 食材搭配術 •

利用芋頭插進油條，是為
了要讓芋頭條看起來就像
排骨裡的肋骨，使人享用
起來，除饒富趣味，也更
增加素排骨口感層次。

三色甜椒除適合增添料理色澤，營養價值更超乎想像，搭配老油條、芋頭條做成素排骨，美味與環保兼得。

番茄、蘿蔔、無花果組成的天然甘味

香料番茄清煮蘿蔔襯封烤無花果 |1人份|

▌淨水琉璃

番茄、蘿蔔與無花果，在烤爐加熱的魔力下，濃縮了食材甘美的原汁原味。料理簡單地以醋做為提味，白蘿蔔透出瑩白的光芒，牛番茄呈現健康的紅徹通透，加上微滲出汁液的無花果，酸酸甜甜的滋味在口中交融，讓人意猶未盡。

• 材料 •
無花果－1顆
牛番茄－半顆
白蘿蔔－20克

• 醬汁 •
乾無花果－100克
葡萄汁－200c.c.
陳年巴薩米可醋－50c.c.

• 作法 •
1　白蘿蔔去皮下鍋，鍋內加些白米一起煮。
2　牛番茄去皮切三等份灑上香料、橄欖油進烤箱以160度烤30分鐘。
3　無花果洗淨後整顆進烤箱，以180度烤約20分鐘。
4　乾無花果放入葡萄汁、陳年醋中煮軟後，用調理機打勻。
5　組合步驟1～4即可。

• Tips •
醬汁建議使用解凍後的冷凍無花果，因冷凍無花果水分多較好打成汁。

point

• 食材搭配術 •

這道菜以什錦米果、紫蘇花穗、九層塔葉裝飾，白蘿蔔的瑩白色透出美麗的光芒、熟成的牛番茄透出健康的紅顏，加上不去皮放入烤箱烘烤20分鐘後，微微滲出汁液的無花果，三樣食材各自在這道料理中扮演相輔相成的角色。

白蘿蔔、牛番茄再加上烘烤後的無花果，三樣健康的食材在料理中相輔相成。

蘋果加彩椒，甜脆繽紛

香蘋五柳 | 2人份

養心茶樓

蘋果含有膳食纖維，而其中的非水溶性纖維有助減少膽固醇的吸收，
所以蘋果具有保護心血管的功能，防止疾病發生。加入彩椒烹煮，
成就一道健康營養的料理。

・材料・	・佐料・
蘋果條－2兩	香油－少許
杏鮑菇－2條	香菇素雞粉－少許
甜紅椒－1兩	素高湯－2湯匙
甜黃椒－1兩	素蠔油－1湯匙
青椒－1兩	水－2湯匙
中芹末－1兩	胡椒粉－少許
	糖－1湯匙
	香油－少許

・作法・

1 所有食材切條狀。
2 杏鮑菇以100度下油鍋炸成金黃色，撈起備用。
3 油鍋加薑末，放入彩椒，再放入炸好的杏鮑菇。
4 加入少許素蠔油、香菇粉、高湯，放蘋果條大火快炒，
　再放少許香油勾芡即可。

・Tips・

彩椒不可炒太久以免過軟。蘋果要最後下鍋才不會失去
脆度。

蟹黃雙椰

花椰菜配蟹黃醬，可口下飯

2～3
人份

養心茶樓

花椰菜營養豐富，含有蛋白質與胡蘿蔔素，以及豐富的微量元素磷、鐵。花椰菜味甘鮮美，質地細，適合腸胃虛弱的人食用。花椰菜維生素 C 豐富的程度，僅次於辣椒，搭配著素蟹黃醬一起享用，新穎又健康。

• 材料 •

綠花椰－ 4 兩
白花椰－ 4 兩
美白菇－適量

• 佐料 •

素食蟹黃醬－適量
素高湯－適量
香菇素雞粉－半匙

• 作法 •

1 先把綠花椰、白花椰分成一朵一朵。

2 汆燙少許美白菇，泡冷水備用（以免美白菇接觸空氣變黑）。

3 鍋子加油，以油溫 90 度炸入白花椰 20 秒撈起。

4 另起一鍋加水放入綠花椰、白花椰、美白菇汆燙至熟。

5 油鍋加薑末，放入 3 大匙素食蟹黃醬、水、香菇精，再放入所有食材拌炒 15 秒，後勾芡、加香油即可。

• Tips •

白花椰需留意不要炸焦，免生苦味。

隨手煮來家常下飯好素菜

沙茶洋若 | 2～3 人份

浣花草堂

空心菜富含碳水化合物、脂肪、蛋白質三大營養素。而利用素菇醃製代替羊肉，美味隨手可得，營養無須高貴食材，少一天吃肉，間接幫助地球多一天健康。

• 材料 •
空心菜－ 200 克（切成段）
素羊肉－ 40 克
（至一般市場即可買到）
薑－ 5 克（切成末）
紅椒－ 10 克
芥花油－ 30c.c
清水－ 150c.c

• 佐料 •
素沙茶醬－ 30 克

• 作法 •
1 空心菜切段、紅椒切成條、老薑切成末。
2 把老薑與芥花油同鍋進行爆薑。
3 爆完薑後，放入素羊肉再放素沙茶醬。
4 炒至沙茶醬味道飄出鍋來，再放入清水。
5 等水滾後，把空心菜放入鍋內，靜置兩分鐘再進行翻炒。
6 等空心菜均勻抹上鍋內醬汁後，放入紅椒添色，翻炒幾下即可上桌。

• Tips •
炒空心菜時，切記下鍋後別急於拿鏟子翻炒，應靜置鍋內兩分鐘，等鍋內熱騰蒸氣將菜蒸軟，再進行翻炒，才能保持空心菜色澤翠綠不黑，口感清脆不爛。

油條填地瓜，讚不絕口的滋味

京都排骨 |4人份|

▌水廣川精緻蔬食廚房

將地瓜填入油條中下鍋油炸，口感酥脆。配上極富營養價值的彩椒，
與清爽可口的番茄醬汁，精緻酥脆的蔬食料理美味上桌。

- 材料• 油條－2條、地瓜－100克、彩椒－50克、麵糊－50克

- 佐料• 糖－150克、水－100c.c.、番茄醬－50c.c.、梅林－10克

•作法•

1 油條切小段挖洞，將地瓜切成條狀塞入油條內。

2 將完成的排骨頭尾兩側裹上麵糊，放入油鍋炸熟後撈出瀝油
  備用。

3 彩椒切塊狀放入熱水氽燙撈起備用。

4 將水和糖以1：1比例放入鍋內小火烹煮至黏稠時再加入少許番
  茄醬拌勻。

5 將炸好的排骨和彩椒放入醬汁內攪拌均勻即可盛出。

品嚐羊肚菌引出的白蘆筍風味

白蘆筍羊肚菌奶油醬汁 |4 人份|

▌THOMAS CHIEN 法式餐廳

羊肚菌是法國料理中的頗負盛名的食材，含有豐富的蛋白質與多種胺基酸。在中醫藥理上，羊肚菌具有裨益腸胃和幫助消化的功效，可治療脾胃和消化道；而白蘆筍內涵的元素則有防癌抗癌的作用，可以防止癌細胞擴散，亦可減緩食慾不佳的症狀。白蘆筍羊肚菌奶油醬汁以羊肚菌帶出白蘆筍的美味，是一道保健的料理。

• 材料 •

白蘆筍－4 支
羊肚菌－10 克
吐司－4 片
生菜苗－少許
香葉芹－少許
奶油－適量
蔬菜高湯－適量

• 奶油醬汁材料 •

鮮奶油－100 克
奶油－50 克
蔬菜高湯－100 克
鹽－少許
胡椒－少許

• 作法 •

1 將白蘆筍去皮，放入熱水中煮 6 分鐘，再以奶油煎至金黃色。
2 羊肚菌洗淨，以蔬菜高湯煮至入味。
3 吐司以奶油煎至金黃色。
4 吐司放至盤中，周圍擺放白蘆筍、羊肚菌。

• 奶油醬汁作法 •

將鮮奶油、奶油、蔬菜高湯用鍋子煮開，調味後打成泡沫狀最後淋入盤中即完成。

• Tips •

奶油醬汁不能過稠，使用攪拌機，得一半放入醬汁、一半放在外面，才能打出空氣，產生細緻的醬汁泡沫。

• 擺盤 •

以調理機將奶油、鮮奶油和高湯製成的奶油醬打出細緻的白色泡沫，上面再擺生菜苗和香葉芹，再加上中間的金黃吐司，色澤唯美而多彩。

point

• 食材搭配術 •

白蘆筍口感清甜，搭配帶有特殊香氣的羊肚菌，更加提升風味。

羊肚菌裡益腸胃；而白蘆筍則有防癌抗癌的作用，兩者的結合料理創造出美味和健康。

羊肚菌搭時菇，提升質感和香氣

陳年香檳醋拌炒紫蘇 時菇羊肚菌

| 2～3
| 人份

Indulge 實驗創新餐酒館

柳松菇纖維多，口感偏脆；香菇較軟；鴻喜菇則介於兩者之間，三
種菇類口感不同，品嚐起來更豐富。

• 材料 •

a：柳松菇、鴻喜菇、香菇－各 80 克
羊肚菌－ 4 ～ 5 朵
紫蘇－ 1 克

• 佐料 •

香檳醋－ 40c.c.
糖、鹽－ 1 小匙
胡椒－ 1／2 小匙
橄欖油－適量
擺盤用番茄－適量

• 作法 •

1 橄欖油和羊肚菌炒香，a 入鍋加香檳醋、鹽、糖拌炒數下。
2 紫蘇切絲，加入步驟 1 增添香氣即可。

• Tips •

步驟 1 需快火炒，不要炒太久以免菇類出水變軟。

• 擺盤 •

盛盤時加幾顆對切小番茄，能讓顏色更繽紛、促進食慾。

point

• 食材搭配術 •

羊肚菌具有特殊香氣，添加在菇類中提升菇類的質感。

三種菇類加上紫蘇和羊肚菌，味道鮮美。

Hot Dishes

烤蛋淋松露油，香氣四溢

松露油蘆筍蘑菇烤蛋 | 4人份

▌ O&CO. La Table

被譽為「秋之黑鑽」的松露，已有兩千多年的歷史，也是宮廷料理中的美味聖品。O&CO 精選的松露來自擁有「松露之鄉」稱號的 Alba，擁有濃郁的滋味，大大提升了菜色的香氣，搭配香滑的起司和盛產的當季食材，讓料理的層次更加鮮明。

•材料•

有機土雞蛋－4顆
綠蘆筍－4根
蘑菇－20克
鮮奶油－40克
牛奶－40克
馬斯卡彭起司（Mascarpone）－16克

•佐料•

陳年紅酒醋－1／2大匙
蔬菜高湯－20c.c.
松露鹽－1／4大匙
松露油－1／4大匙
帕馬森起司－1克

•作法•

1 將蛋白及蛋黃分開，蘆筍切段、蘑菇切片。
2 蛋白部分先加入鮮奶油、馬斯卡彭起司、松露油和鹽，打散、打勻。
3 容器內，先注入蛋汁，放入蘆筍最後再倒入蛋黃。
4 將烤蛋放入烤盤隔水150度20分。
5 熱鍋後將蘑菇片炒香，加入高湯收汁調味後，最後加入特醋再放入容器中。

•擺盤•

使用可進烤箱的透明杯子當作容器，可以清楚看見各種食材的顏色，增添其料理的豐富性，讓用餐變有趣！

point

•食材搭配術•

1 雞蛋的部分，因為會加入牛奶和起司等食材一起烘烤，因此需選擇品質較好的品種，蛋黃才不易在料理過程中破損，破壞料理的風味。
2 蘑菇炒香調味後淋上些許陳年紅酒醋，細緻滑順的口感，散發甘酸交錯的滋味，與松露一同入口香味將十分飽滿出色。

加了松露油的蘆筍蘑菇烤蛋，香氣大為提升。

蒸蛋搭菠菜醬，愈顯高貴

炭燒蘑菇金磚佐羅勒菠菜醬 | 1人份

山玥景觀餐廳

軟嫩滑溜的蒸蛋，在羅勒菠菜醬的搭配下，創作出另一種風味，具有濃濃的奶香味與新鮮蔬菜的迷人香氣，清爽而無負擔。一旁的洋菇刷上燒烤醬汁後，讓擺盤更加精緻，讓人在享受蒸蛋與美味羅勒菠菜醬的同時，有更多層次口感與豐富的視覺享受。

• 材料 •

蛋－2 顆
洋菇－5 個
玉米筍－1 條
聖女番茄－1 個
蝦夷蔥－1 支
青花筍－1 個

• 佐料 •

a
奶油－10 克
麵粉－20 克
牛奶－200c.c.
乾巴西里、香芹、蒔蘿、
綜合香料－少許
菠菜汁－50c.c.
b
燒烤醬－少許

• 作法 •

1. 蛋用少許鹽、昆布粉調味蒸熟，放入長方形容器中，用噴槍炙燒，把調味料 a 調成香草菠菜醬備用。
2. 洋菇用炭烤方式烤熟刷上佐料 b，放入香草菠菜醬後把所有食材組合即可。

• Tips •

蒸蛋需以中小火蒸，視器皿厚薄調整時間。

• 擺盤 •

以長方形蒸蛋當底，放上烤過的洋菇，盤上在刷綠色的菠菜醬，呈現出主客分明的感覺。

point

• 食材搭配術 •

蒸蛋帶淡黃色，搭配翡翠綠的菠菜醬，使平凡的蒸蛋（金磚）看起來雍容華貴。

（營養又軟嫩滑溜的蒸蛋，搭配羅勒菠菜醬，創作出具奶香又極富營養價值的蛋類料理。）

入口清脆配飯絕佳的杏菇料理

三杯杏菇 | 2～3 人份 |

▌浣花草堂

揀選口感最為清脆的杏鮑菇肥碩鮮白的根部代替雞肉，富含多種蛋白質、胺基酸、礦物質及維生素，營養價值高，尤其含有多量的麩胺酸和寡糖，加上低脂、低膽固醇與低熱量，吃多也不怕發胖。

•材料•

杏鮑菇肥滿根部－200 克
（需切塊）
老薑－ 20 克（切片）
九層塔－ 40 克
荸薺－ 30 克（對切成塊）
紅甜椒－ 10 克（切條）
黑麻油－ 40c.c

•佐料•

蔭油－ 40c.c
烏醋－ 5c.c
糖－ 10c.c
水－ 50c.c

•作法•

1 將杏鮑菇炸至金黃起鍋備用。
2 冷鍋放下麻油、薑片，開小火煸香。
3 煸香後放入蔭油、糖、烏醋、荸薺依序放入攪拌均勻。
4 拌均勻後，再放入炸好的杏鮑菇拌炒，最後加入九層塔和紅甜椒再倒入水。
5 所有材料、佐料均放入後，施以大火快炒，兩分鐘後即可上桌。

•Tips•

1 欲吃辣，可在材料部分加上辣椒。
2 煸薑片時記得開小火，以免變苦。
3 如有吃酒，可在倒入烏醋後，滴幾滴米酒進去，使香味更香。

•擺盤•

餐廳大多用寬口淺底，烏亮小鐵鍋盛裝三杯料理，但一般在家利用白瓷盤、砂鍋盛裝即可。

point

•食材搭配術•

1 紅椒是為了讓菜色顏色更為鮮豔，看起來更可口。
2 荸薺其爽脆的口感，則可以增加此菜在口中的層次。

清脆鮮白杏鮑菇，低熱量高營養，拿來代替雞肉，脆嫩口感比肉類更適合三杯料理。

139

猴頭菇加素漿，更富嚼勁

花椰芙蓉猴頭菇 |1人份|

▌麟 Link の手創料理

以營養價值極高的猴頭菇入菜，可以在料理中攝取到許多人體所需的胺基酸種類，此外它還含有多種維生素與礦物質。在藥理上，猴頭菇具有幫助消化、補身體等功能，對腸胃保健具有相當功效。將其與素漿融合下鍋蒸煮，清新而無負擔的料理美味好上手。

• 材料 •

青花椰菜－適量切小丁
蛋白－ 100c.c.
牛奶－ 50c.c.
猴頭菇：素漿－ 3：1

• 佐料 •

味醂－少許
翡翠醬－ 3 匙

• 作法 •

1 將蛋白、水、牛奶全部拌均勻後，加入調味料，再拌勻過濾至模型中，加入花椰菜以 90 度蒸 12 分鐘、燜 5 分鐘。

2 猴頭菇切絲將素漿混合塞入模型內，蒸 8 分鐘。

3 將步驟 1 當底擺上猴頭菇、淋上翡翠醬，裝飾即可。

• 擺盤 •

因盤面較小，故將猴頭菇球放在花椰芙蓉上，以堆疊手法創造視覺美感。

• Tips •

如家中有碗豆或菠菜，用果汁機打碎勾薄芡即可做出翡翠醬。

point

• 食材搭配術 •

猴頭菇雖很美味，但單有猴頭菇無法凝聚成球狀，所以加入素漿。素漿可用栗子、香菇、紅蘿蔔、芋頭、馬蹄等切丁製成。

在料理中可以藉由猴頭菇攝取多項人體所需胺基酸，搭配素漿下鍋蒸煮，清新而無負擔。

甜麵醬提味，柳松菇口感更豐富

醬爆柳松菇 | 2～3 人份

養心茶樓

柳松菇含有大量對身體有益的胺基酸、維生素，其表面的粘液，更是一種高營養價值的核酸，有著恢復和提高體力、腦力的功效，被視為菌中的貴族，以甜麵醬提味，襯托出料理的高雅與氣質。

• 材料 •

柳松菇－4兩
青椒－1兩
紅椒－1兩
杏鮑菇－少許
中芹末－少許

• 佐料 •

薑末、甜麵醬、素蠔油、胡椒粉、糖－各少許

• 作法 •

1 柳松菇沾酥炸粉，以110度油溫入鍋炸酥，撈起備用。

2 另起一油鍋放入佐料及青椒、紅椒，全部煮開後，放入杏鮑菇、中芹末，中火拌炒一下，使沾附醬汁，滴上香油即可。

• Tips •

1 柳松菇一定要炸酥再撈起，以免拌炒時出水。

2 拌炒時動作要快，才能保持這道菜的酥脆口感。

白玉靈芝菇 |1人份|

白蘿蔔搭靈芝菇，鮮味的極致

▌麟 Link の手創料理

靈芝菇是高級野生菌類，其胺基酸含量較其他的食用菇類更高，蛋白質含量更可與肉類相比，是不可多得的素食營養食材。將靈芝菇與白蘿蔔用蔬菜高湯共同烹煮入味，不但甘美，更保留了其珍貴的營養價值。

• 材料 •

靈芝菇－1朵
菜頭（白蘿蔔）－1段
蔬菜高湯－100克

• 佐料 •

醬油－少許
蔥油－少許
芥茉籽醬－少許

• 作法 •

1 將靈芝菇切片加入蔬菜高湯、醬油備用。
2 菜頭切圓厚片壓圓型模，以熱水燙過跟步驟1一同蒸30分鐘。
3 取出排盤淋上芥末籽醬、蔥油即可。

• Tips •

菜頭需視季節挑選產地。

奶蛋

軟嫩多汁杏鮑菇，加起司更好吃

焗鮮明月 |1 人份|

鈺善閣

焗鮮明月以杏鮑菇為主要食材，杏鮑菇營養價值高，其中含有多量的胺基酸和寡糖，加上低脂肪與低熱量的特性，所以也適合體重控制的人們享用。

• 材料•

長 9 公分、寬 0.6 公分
條狀杏鮑菇－ 100 克
起司條－ 150 克

• 佐料•

沙拉－ 30 克
鹽－ 3 克
味醂－ 5c.c.
五香粉－ 2 克
胡椒鹽－ 2 克

• 作法•

1 將調味料倒入鍋中攪拌均勻後加入杏鮑菇條，拌勻後靜置 5～10 分鐘入味。

2 放入烤箱，以上火 100 度、下火 150 度烤 6～7 分鐘，收乾後鋪上起司，再烤 3～5 分鐘，待起司轉金黃色即可。

• 擺盤•

杏鮑菇放在厚重的黑色容器上，讓原本平凡無奇的料理突顯出來。

豔紅夠味的傳香菜

宮保吉丁 |2～3 人份|

▌浣花草堂

以猴頭菇入菜代替雞肉，除是別出心裁的料理創意，猴頭菇還富含
多量的蛋白質與多醣，且含有七種人體的必需胺基酸。

• 材料 •

猴頭菇－150 克
大紅乾辣椒－30 克（需斷成塊狀）
金針筍－20 克（如青蔥需切成片狀）
油花生－10 克
花椒－5 克

• 佐料 •

香油－15c.c
素蠔油－5c.c
甜麵醬－5c.c
開水－15c.c（與素蠔油和甜麵醬拌成單一醬料）
開水－70c.c（備用）

• 作法 •

1 先將猴頭菇泡發，再把水擠乾去除苦味。
2 擠乾後把猴頭菇炸至金黃色起鍋備用。
3 熱鍋後關火，放下香油與花椒粒爆香成花
　椒油。
4 再熱鍋，將調味料及花椒油拌均勻後，加入
　水、乾辣椒、和炸好的猴頭菇。
5 加入以上材料後，持續拌炒到水收到微乾，放
　入金針筍。
6 炒至水分都收乾，放入花生，攪拌均勻即可擺
　盤上桌。

• 擺盤 •

紅辣椒顏色赤紅鮮豔，宛如粒粒紅椒糖果，做好
後隨興擺上白瓷盤即是好看。

• Tips •

1 爆花椒油時，熱鍋後記得關火，再把花椒粒與
　香油放入鍋內爆香，香油由有泡轉為無泡後，
　就要立即把花椒撈起來，以免花椒油變苦。
2 有些人會覺得辣椒放越多越辣，但其實是水
　放越多，乾辣椒所釋放的辣度越多才會辣口，
　因此開水控制在 70cc. 是最為一般人所能接
　受的辣度。

宜蘭猴頭菇搭味噌柚汁，酸香開胃

南山猴排味噌柚庵燒 |1人份|

淨水琉璃

猴頭菇肉嫩味鮮，富含蛋白質、碳水化合物、粗纖維、脂肪和磷、
鐵、鈣、硫胺素、核黃素、胡蘿蔔素等，對改善消化不良有所助益，
搭配特製醬汁，營養開胃又健康。

point

·食材搭配術·

葷食中常見酥皮裹食材煎
烤，這道南山猴排味噌柚
庵燒改以黃豆皮取代，並
且使用味噌當醃漬物取代
蛋液，口感同樣酥脆好吃。

·材料·
猴頭菇－2朵
蛋茄－50克
黃櫛瓜－10克
綠櫛瓜－10克
馬鈴薯－10克
黃豆皮－1張

·浸料·
黃檸檬－1顆
醬油－100c.c.
味醂－100c.c.
白味噌－200克

·醬汁·
紅味噌－100克
白味噌－200克
味醂－50c.c.
昆布高湯－100c.c.
芝麻香油－10c.c.

·作法·
1 將猴頭菇水分擠乾，放入浸料中醃漬1小時撈起。
2 蛋茄、黃櫛瓜、綠櫛瓜、馬鈴薯切片下鍋煎上色，依序排
　好，調味淋上橄欖油進烤箱，以180度烤20分鐘。
3 將浸泡醬汁後的猴頭菇，進烤箱烤上色後用黃豆皮包起，
　入鍋煎上色即可。

酥香野菜馬鈴薯山藥捲 佐芥末籽和風醬 |1人份|

芥末籽醬，替馬鈴薯山藥捲增鮮

淨水琉璃

紅蘿蔔、蘆筍、香菇襯托著馬鈴薯山藥捲的美味，多樣蔬菜、菇類
與富含纖維質的根莖類，符合了現代人追求健康飲食的需求。

•材料•
黃豆皮－1張
紅蘿蔔－10克
海苔－1張
蘆筍－10克
馬鈴薯－1顆
乾香菇－20克
山藥－50克

•佐料•
芥末籽－10克
味酥－100c.c.
醬油－50c.c.
香油－10c.c.
白芝麻醬－200克

•作法•
1 馬鈴薯、山藥一起煮熟用調理機打勻後，調味備用。
2 取一張海苔將作法1鋪平下鍋煎香。
3 在水中加入醬油、糖煮開放入乾香菇一起小火燉煮
　 至入味，切條狀備用。
4 紅蘿蔔去皮切條狀，蘆筍去皮一起汆燙冰鎮備用。
5 取一黃豆皮鋪平放上作法2，將海苔面朝黃豆皮；
　 在馬鈴薯的那一面放上紅蘿蔔、蘆筍、香菇後捲起。
6 捲起後再下鍋煎上色。
7 盛盤後，可用小黃瓜片、金針花、枸杞醬裝飾。

猴頭菇取代雞肉做三杯，香氣四溢

三杯猴頭菇 |2～3 人份

▌赤崁璽樓

三杯雞的調味清香四溢，令人食指大動，然而對素食者來說，以猴頭菇取代雞肉，其實也可以成為另一套創新而美味的三杯料理。根據書籍記載，猴頭菇對消化不良、神經衰退與十二指腸潰瘍及胃潰瘍有良好的功效，因此相當適合腸胃道虛弱的人們食用。

•材料•
麻油－2 大匙
薑－7 片
猴頭菇－30 克
菇頭－5 個
小油丁－3 顆
紅棗－5 顆
珊瑚菇－2 片
素海參－3 片

•佐料•
米酒－適量
醬油－2 大匙
黑醋－適量
糖－1 小匙

•作法•

1　麻油爆炒薑片。

2　鍋中放入猴頭菇、菇頭，米酒繞鍋 2 圈，加水蓋過食材，依序加入醬油、黑醋、糖。

3　放入小油丁及紅棗，煮至湯汁略收乾；放入珊瑚菇、素海參，大火縮汁。

4　另起一鍋，倒入米酒、九層塔，所有食材放入即可盛盤。

•Tips•
盛盤後可加些紅辣椒片裝飾，增添色彩。

point

•食材搭配術•
猴頭菇纖維細，軟嫩口感和雞肉很像，用來取代雞肉做成三杯，蔬食者也能吃。

猴頭菇具豐富營養價值，以三杯調味，成為一道創新又美味料理。

猴頭菇代雞丁，香辣有味

宮保猴頭菇 |2～3 人份|

█ 山外山創意料理蔬食餐廳

在藥理上，猴頭菇對於消化不良、神經衰退與胃潰瘍均有不錯的功效，因此相當適合腸胃道虛弱的人們食用。以猴頭菇打造出雞丁美味，素食版的宮保雞丁，讓愛辣味的素食者又多了一道美味佳餚。

• 材料 •

新鮮猴頭菇－6 兩
青椒－1 個
碧玉筍－3 支
乾辣椒－半兩
花椒粒約－12 ～ 15 粒
薑片切小片－6 片
五香花生－1 兩去皮

• 醃料 •

麵粉－半兩
太白粉－半兩
香菇素蠔油－1 小匙
胡椒粉－少許
沙拉油－1／3 大匙
高湯－2 小匙

• 調味料 •

白醋－1／2 大匙
番茄醬－2 小匙
糖－1／2 大匙
醬油－1／2 大匙
高湯－1 大匙
香油－1 小匙
辣椒油－1 小匙
玉米粉水－少許
沙拉油－600c.c.

• 作法 •

1 猴頭菇洗淨，擦乾水分剝成塊狀，醃料拌勻醃入味 3 分鐘；碧玉筍切斜刀段，青椒切塊狀備用。

2 取鍋放入沙拉油開大火至 8 分熱轉中火，將醃拌好的猴頭菇依序放入油鍋中，用筷子撥開避免相黏，油鍋不可過熱，以免炸黑。

3 炸至外皮酥脆金黃後，撈起瀝油備用，鍋中留少許油約半大匙，放入薑片、乾辣椒、花椒粒，煸炒出香味後，再加入番茄醬續炒一會兒，加入高湯、糖、醬油，以小火煮滾，把炸好之猴頭菇、青椒倒入略拌炒 10 秒，再加入碧玉筍段略翻炒。

4 以少許玉米粉調水，勾薄芡拌，與白醋、番茄醬炒 5 秒後，加入香油、辣椒油、五香花生翻炒均勻，即可盛盤。

洋菇搭夜來香，享用花之鮮

香煎晚香雪菇 |1人份|

夜來香其實不只是花，也是適合入菜的好材料，富含高纖維、低熱量，
口感與蘆筍相似，本身味道不重，入口時可嗅到一股芬芳的花香。

• 材料 •
夜來香莖花部－2支
洋菇－1朵

• 作法 •
1 酥炸夜來香根莖與花部，
　保留入口後鮮花多汁的
　特質。
2 洋菇先泡製鹽水鎖住香
　氣及水份，以少油耐心
　熬煎即可。

• Tips •
煎洋菇時應少油慢煎，以免
快煎出水失去口感。

• 擺盤 •
黑色的晚香雪菇放在白色圓
盤上，黑白對比，構成一幅
美麗的圖畫。

point

• 食材搭配術 •
洋菇軟嫩多汁的口感和肉排相似，選用大朵洋菇更佳。

餛飩皮代生菜，酥脆美味

金杯鴿鬆 | 4 人份

▌水廣川精緻蔬食廚房

素火腿、芹菜加入素蠔油調味，還有香菇、豆薯與紅蘿蔔等色彩繽紛的豐富內餡盛入用餛飩皮製成的可愛小杯子中，入口時還可以品嚐到在杯底鋪排好的養生苜蓿芽。清新爽口的料理在酥脆的餛飩皮中，豐富而美味的口感，創造蔬食料理中的新滋味。

• 材料 •

餛飩皮－ 8 片	素火腿－ 200 克
紅蘿蔔－ 1 大匙	芹菜－ 20 克
香菇－ 3 朵	苜蓿芽－ 16 克
豆薯（刈薯）－ 4 粒	海苔絲－ 5 克

• 佐料 •

素蠔油、胡椒粉－適量

• 作法 •

1　將餛飩皮放入低溫油鍋，用小圓形湯匙壓至餛飩皮中心點約 3-5 秒，待呈現杯型且略成金黃色即可撈起瀝油備用。

2　將紅蘿蔔、香菇、豆薯、素火腿、芹菜全部切碎，再將碎末放入中溫油鍋快炸，撈起瀝油備用（芹菜末勿下油鍋待備用）。

3　把紅蘿蔔、香菇、豆薯、素火腿、芹菜碎末放入鍋內快炒，依口味喜好加入素蠔油調味。

4　將少許苜蓿芽放入金杯鋪底，炒好餡料盛入金杯內，最後再灑上少許海苔絲即可盛出。

• Tips •

炒餡料時勿炒過久，以免太軟爛影響口感。

Point

• 食材搭配術 •

一般都是用美生菜放蝦鬆，此處改以餛飩皮炸過，酥脆口感另有一番滋味。

〔豐富的內餡盛入酥炸的餛飩皮中，豐富而美味的口感，創造蔬食料理的新風味。〕

飽含蘿蔔絲的自製蘿蔔糕

XO 醬港式蘿蔔糕 約 10 人份

山外山創意料理蔬食餐廳

在家自製蘿蔔糕，可吃到滿口蘿蔔香，自製 XO 醬也對健康有保障。

• 蘿蔔糕材料 •

a 再來米粉1斤、澄粉1兩半、太白粉1兩、馬蹄粉1兩、水1斤半，以上粉料全部加入水中調勻備用

b 白蘿蔔2斤、素火腿1/4條、乾香菇絲2兩、素肉絲1兩、百頁豆腐半條切絲，水2斤

• 佐料 •

鹽－1錢、糖－1兩半、香菇粉－1兩、香油－1大匙、沙拉油－1大匙、白胡椒粉－少許

• 工具 •

30*30*60白鐵四方模型1個，1尺半寬不鏽鋼盆1個

• XO 醬材料 •

1 乾香菇絲2兩洗淨、捏乾、切末。

2 素火腿2兩切末，冬菜1兩洗淨、捏乾、切末，榨菜2兩切末，椰子粉2兩烤香，熟黑白芝麻各1兩。

3 粗花生粉2兩，小辣椒（朝天椒）1兩，黑豆豉2兩切末，橄欖油1斤，香油半斤，辣椒油半斤，薑一兩切末。

• 蒸蘿蔔糕作法 •

1 不銹鋼鐵盆，上爐加入水，蘿蔔絲開大火煮滾後轉中火加入材料 b 及所有佐料，再煮滾後轉小火。

2 將材料 a 調好之再來米漿糊倒入鋼鍋中，馬上熄火。

3 把漿和料全部以順時鐘方向攪拌成黏稠狀，倒入四方模型內以刮切沾油抹平蘿蔔糕漿，便可上蒸籠。以大火蒸45分鐘後取出放涼5小時，再切成塊狀或厚片即可。

• XO 醬作法 •

1 起油鍋放入3種油，開中火至油分熱時放入小辣椒、薑末爆香至半乾，再加入其餘材料（椰子粉、花生粉不要放），以小火煸炒至金黃乾香無水分為止。

2 待炒料冷卻後，再加入椰子粉及花生粉拌勻後，再分裝至玻璃瓶內，冰箱冷藏可放60天。

• XO 醬醬汁作法 •

1 起鍋放少許油，加入少許芹菜末，炒香後加入半大匙香菇素蠔油。

2 續炒一下，加入一大匙高湯，少許糖及胡椒粉，2小匙XO 醬，小火煮滾。

3 以玉米粉水勾薄芡，加少許香油淋在蒸熱之蘿蔔糕上即可。

炒ＸＯ醬料，應以小火炒乾，以免焦苦。
蒸熟後的蘿蔔糕，或煎或煮湯皆宜。

辣椒醬煮豆腐，變成下飯佳餚

石鍋一品香 | 2～3 人份

漢來蔬食健康概念館（佛館店）

豆腐除了豐富的鈣質與蛋白質外，更含有大豆異黃酮的成分，具防癌與豐胸的性質。加入各式養生的菇類與纖維質豐富的大白菜，以醬油與辣椒醬精緻的醬汁簡單調味，一道美麗的料理健康上桌。

• 材料 •
臭豆腐或板豆腐－ 3 塊
客家豆皮－ 1 張
大白菜－ 400 克
金針菇或各式菌菇－ 150 克
毛豆－少許

• 佐料 •
辣椒醬－ 20 克
純釀造醬油－ 50 克
白豆 － 20 克
樹子－ 20 克
紅辣油－少許
清水－少許

• 作法 •
1 起一熱鍋，下少許油炒香辣椒醬，醬油、白豆、樹子入鍋，加清水小火熬煮即成醬汁備用。
2 豆腐洗淨，客家豆皮炸到膨發，大白菜洗淨切小塊，各式菌菇洗淨後加入醬汁中同煮。
3 慢火熬煮至豆腐膨脹，加入毛豆後熄火悶一下即可上桌。

豆腐加豆皮，咀嚼菜根香

胡麻豆衣餘 | 2～3 人份 |

▊ 養心茶樓

銀芽含有豐富的維生素 C 和食物纖維，亦具有熱量低的優點。以豆
腐皮捲入甘美的銀芽，再放入鍋中稍微煎至兩面金黃，即可成就出
一道營養可口的佳餚。

• 材料 •
豆腐皮－1張
銀芽－4兩

• 作法 •
1 銀芽汆燙5秒撈起，包進豆腐皮中。
2 入油鍋，兩面煎好切段即可。

• 佐料 •
胡麻醬－適量

• Tips •
豆腐皮要挑台灣做的，色澤較淡，觸感柔軟有彈性。

板豆腐加香菇丁，製成美味獅子頭

紅燒獅子頭 |2～3 人份|

▎芭舞巷‧花園咖啡

口感彈性的板豆腐，搭配營養又養生的香菇，加入精心調製而成的
調味料後下鍋油炸，素食版的紅燒獅子頭，既可口又美味，最後，
再以大白菜做為搭配。在料理中，可以吃到豐富的膳食纖維，又可
以補充植物性蛋白質，是一道營養均衡的佳餚。

• 材料 •

板豆腐－2 塊
麵粉－10 克
香菇－2 朵泡水
直到變軟
百果－5 顆
辣椒－半根切片
薑片－3 片
大白菜－100 克

• 佐料 •

素蠔油－適量
鹽－少許
胡椒－少許

• 作法 •

1 香菇切丁加入板豆腐、麵粉拌勻。

2 加入調味料後捏成球狀，用 160 度高溫油炸。小火油炸製
金黃色瀝乾。

3 加入薑、素蠔油爆香，再加入大白菜、百果等配料及鹽、
胡椒乾燒至膏狀即可。

point

• 食材搭配術 •

板豆腐軟中帶硬的口感，能模擬出葷食中紅燒獅子頭的嚼
勁，嫩豆腐太軟嫩就不適合。

板豆腐搭配養生的香菇，素食版的紅燒獅子頭，是一道營養均衡的傳統美味。

腐皮捲絲瓜，多汁的炸物

絲瓜卷 |4 人份|

▊ 水廣川精緻蔬食廚房

美味又營養的腐皮中包入了清爽的絲瓜，打造出清爽而不膩口的炸
物料理。絲瓜富含可以防止皮膚老化的維生素 B 群，以及維生素 C
可以增進皮膚白皙、保護皮膚、消除斑點，自古就被視為美白聖品。
這道以絲瓜入菜的料理，很適合重視肌膚保養的愛美人士。

• 材料•

腐皮（半圓片）－ 2 張　　菜酥－ 40 克
絲瓜－ 1 條　　　　　　　麵糊－適量
豆薯－ 200 克　　　　　　黑芝麻－ 20 克
紅豆支－ 40 克

• 佐料•

番茄醬－ 20 克

• 作法•

1 絲瓜、豆薯切成長條狀。
2 將絲瓜條、豆薯條及少許紅豆支及菜酥放置腐皮片上，捲
　起成圓柱形，擠上美乃滋封口黏起。
3 將絲瓜卷裹上薄麵糊放入小火油鍋炸熱。
4 當外觀呈現金黃色即可撈起瀝油。
5 最後在絲瓜卷兩端粘上黑芝麻即可盛出。

• Tips•

絲瓜中間熟化後易出水，將中間切除後較不易回潮。

point

• 食材搭配術•

絲瓜水分多，包進腐皮炸過後，仍保有多汁口感，可使炸
物不那麼油膩。

絲瓜自古就被視為美白聖品。這道以絲瓜入菜的料理，很適合重視肌膚保養的愛美人士。

豆腐配春捲皮，外脆內多汁

豆腐春捲 |2～3 人份|

養心茶樓

酥炸後的春捲皮中包裹著精心調製的內餡，有著營養的板豆腐、鮮美的紅蘿蔔與富含纖維質的綠豆芽，色彩繽紛的組合，令人食指大動。料理中，以素蠔油、胡椒粉與香油提味，讓整道菜充滿了創新與多層次的口感，是一道適合全家大小共同享用的美食。

•材料•

板豆腐－100 克
豆芽－2 兩
紅蘿蔔絲－1 兩
春捲皮－4 張

•佐料•

素蠔油－1 湯匙
香菇精、胡椒粉－少許
水－3 湯匙
香油－少許

•作法•

1 板豆腐切條、紅蘿蔔切絲、綠豆芽去頭尾。
2 起一油鍋放少許薑末，蘿蔔絲入鍋、放素蠔油、水、胡椒粉、香菇精，把蘿蔔炒軟，再放入銀芽勾芡，滴香油備用。
3 豆腐汆燙撈起備用。
4 春捲皮放入所有食材捲起，入油鍋，以100 度炸至金黃色、外皮酥脆即可。

•擺盤•

春捲橫向放在盤子上，頂端以綠色葉菜點綴，讓色彩更豐富。

•Tips•

包春捲時留意不要破皮，以免入鍋炸時餡料散開。

•食材搭配術•

富含水份的豆芽菜，包進春捲皮中油炸，吃起來一點也不油膩，反而格外清爽。

春捲皮包裹著精心調製的內餡，色彩繽紛的組合又多層次的口感，令人食指大動。

豆皮加海苔炸酥，香甜爽脆

千層素丁香 | 4 人份

▌水廣川精緻蔬食廚房

酥脆的千層素丁香以豆皮與麵糊為基底材料製成，捲上海苔下鍋油炸後，呈現了酥脆而不油膩的新口感。外層裏上以白砂糖與黑醋悉心熬製出的醬料，再撒上清新可喜的白芝麻，芳香爽脆。

・材料・
豆皮片－6 張
海苔片－6 張
麵糊－1 杯
白芝麻－少許

・佐料・
白砂糖－100 克
水－80c.c.
黑醋－20c.c.

・作法・
1 先將豆皮抹上一層麵糊後把海苔鋪上，折成 3 折呈現長方形。
2 切成細長條狀後沾裹麵粉放入小火油鍋慢慢炸乾撈起備用。
3 將水和糖 1：1 比例放入鍋內小火烹煮至黏稠時加入少許黑醋。
4 將炸好的丁香放至鍋中攪拌均勻。
5 最後灑上白芝麻即可盛出。

・食材搭配術・
豆皮加海苔創造香酥可口的滋味。

綠色西洋芹，巧妙點綴白蹄筋

芥末蹄筋 |4 人份|

▌水廣川精緻蔬食廚房

素蹄筋以小麥蛋白為原料製成，內涵豐富蛋白質、纖維質，口感與肉乾相似，但多了豆香和醬汁的香氣。蹄筋的韌性高，十分具嚼勁，搭配綠色西洋芹，成為色香味俱全的料理。

•食材搭配術•

素蹄筋 QQ 的口感嚼勁十足，搭配綠色的西洋芹，淡雅色彩看了心情愉悅。

•材料•

素蹄筋－ 200 克
西洋芹－ 100 克
枸杞－少許
滷包－1 包

•佐料•

黃芥末－1 茶匙
蜂蜜－1 茶匙
無蛋沙拉－ 2 大匙
枸杞－少許

•作法•

1　將素蹄筋放入滷鍋浸泡 1～2 小時候撈起，冷卻備用。
2　西洋芹切小段放入熱水氽燙至熟，撈起水冷卻備用。
3　黃芥末、蜂蜜、沙拉攪拌均勻（依各人口味喜好調整比例）。
4　將素蹄筋和西洋芹放入醬汁內攪拌均勻，最後灑上少許枸杞即可。

Hot Dishes

南瓜泥加起司，鹹香軟嫩

起司烤南瓜盅 | 1～2 人份

▌山外山創意料理蔬食餐廳

白花椰菜、紅蘿蔔與菇類木耳，玉米粒與生香菇，各色蔬果的結合，
拌炒後放入南瓜中蒸煮，表面再蓋上香濃起司，烤至表面呈現金黃
色之後，美味又營養的焗烤南瓜盅就可以輕鬆上桌。

• 材料 •

約 2 斤中型南瓜－1 個
杏鮑菇－1 支
秀珍菇－4 朵
白花椰菜－1/3 朵
紅蘿蔔－1/4 條
木耳－1 兩
玉米粒－1/3 小罐
生香菇－2 朵
起司絲－3 兩

• 佐料 •

鮮奶－4 兩
糖－1.5 兩
鹽－0.5 兩
胡椒粉－少許
奶油－1.5 兩
麵粉－1 兩
水－半斤

• 作法 •

1　南瓜洗淨直切對半，一半刮皮去籽切片，入蒸籠蒸熟壓成
泥，另一半去籽蒸熟至軟備用。

2　南瓜外，所有材料全部切小丁，起油鍋熱油至 6 分熱下所
有材料過油至熟後，撈起瀝乾油備用。

3　油鍋中餘少量油，放入奶油小火加熱，溶化後放入麵粉炒
香，加水煮滾，續放過油後之材料煮滾，加入蒸成泥之南
瓜及鮮奶炒成餡料。

4　將煮好之南瓜醬餡料填入另一半蒸熟之南瓜中放滿，再將
起司絲灑上南瓜餡上平鋪，上烤台烤到 5 分鐘至起司溶化
呈金黃色澤即可上桌。

• Tips •

選購南瓜時，外觀以木瓜形之南瓜為佳、色澤金黃帶少許綠
色為上。

各色蔬果拌炒，蓋上香濃起司，焗烤南瓜盅輕鬆上桌，以南瓜取代米麵，創新又健康。

芋泥搭香菇丁,難忘的好滋味

食養蒸物 | 1 人份 |

鈺善閣

芋頭含有豐富的膳食纖維,能助消化、改善便祕的情形;而其中鉀則能幫助血壓下降,有利尿的功能。另外,芋頭因為含豐富的蛋白質與澱粉,有飽足感也有足夠的營養。將芋頭與白菜、香菇丁組合成一道好入口的蒸煮料理,健康又好消化。

·食材搭配術·

芋泥老少咸宜,尤以宜蘭地區出產製作的芋泥最為出名。使用香菇、大白菜等取代肉,和芋頭丁一同拌炒,炒出香氣後,再以打蛋器將所有材料打勻即可。

·材料·

芋頭約 150 克-1 粒
乾香菇- 2 朵
大白菜-少許

·佐料·

鹽- 1 茶匙
糖- 1 茶匙
醬油- 300c.c.
水- 400c.c.

·作法·

1 芋頭去皮,和乾香菇、大白菜等切丁備用。
2 將切丁香菇爆香,加入芋頭,炒約 5 分鐘至到香菇出水,再加入大白菜丁炒,後加水小火煮。
3 煮到爛後再用打蛋器均勻攪拌即可。

·Tips·

芋頭切得越細,口感越細緻綿密。

將含有豐富膳食纖維的芋頭與白菜、香菇丁組合成一道好入口的蒸煮料理，好消化又健康。

茄子填山藥，富足潤口

素蠔油山藥茄香煲 | 2～3 人份

▎養心茶樓

茄子是蔬菜中少數的紫色蔬菜，在其紫皮中含有豐富維生素 P，能增強人體細胞間的粘著力，增強血管的彈性，還可以防止微血管破裂出血，使心血管保持正常的功能。除此之外，茄子還有幫助傷品癒合的功效。

•材料•

茄子－1 條
山藥－200 克
薑片－50 克
辣椒－10 克
碧綠筍－40 克
九層塔－5 克

•佐料•

素蠔油－3 湯匙
水－適量
糖－少許
胡椒粉－少許
香油－少許

•作法•

1 茄子切段（約 4 公分），用小刀把中間的子挖空，日本山藥切條狀塞入茄子中。

2 辣椒、薑片、碧綠筍切段。油鍋放入茄子，以 110 度炸 10 秒撈起備用。

3 用少許油爆香辣椒、薑片、碧綠筍，加入素蠔油、水、米酒、香菇精、糖，煮開後，放入茄子燒 2 分鐘，再放九層塔勾芡即可。

•Tips•

山藥塞入茄子中時可沾一點太白粉較不容易掉落。

point

•食材搭配術•

山藥填入茄子中增加了鬆脆的口感，即使不喜歡軟爛茄子的人也能一口接一口。

茄子含有豐富維生素Ｐ，能增強人體細胞與血管的健康，搭配山藥入菜，成就美味與健康。

炸物旁放草莓，挑動視覺又解膩

薏仁淮山酥 |1人份|

┃麟 Link の手創料理

薏仁除了含有纖維質、蛋白質、礦物質、維生素 B 等營養成分外，
更有著豐富的膳食纖維，可促進新陳代謝。夏日以清爽又具美白養
生性質的薏仁，搭配香脆的淮山酥，成為一道令人食指大動的佳餚。

・材料・

薏仁－ 50 克
淮山－ 1 段、8 公分
柴魚片－少許
素漿－ 50 克
蛋液－ 1 顆蛋份量

・作法・

1　薏仁泡 1 湯匙量的水蒸熟。
2　淮山切長條片，中心夾素漿，蒸熟沾蛋液再沾柴魚絲炸至
　　金黃，即可擺盤。

・Tips・

1　淮山捲下去酥炸時，油溫控制很重要。
2　因炸物較油膩，搭配草莓或醃漬物等酸的食材可解膩，擺
　　盤也更漂亮。

胡麻白味噌醬提鮮，竹筍更好吃

竹燒鮮筍 |1人份|

| 鈺善閣

綠竹筍擁有蛋白質、纖維素、灰質、醣類、脂肪，與如鈣、磷、鐵，
還有菸鹼酸與維生素 C、A。以簡單的白味噌胡麻醬調理，更能品嚐
其鮮美滋味。

point

• 食材搭配術 •

竹筍最重要就是嚐其鮮，
因此調味不宜過多，白味
噌胡麻醬味道不會過重，
讓竹筍更加鮮美好吃。

• 材料 •

新鮮綠竹筍－1支
松子－適量

• 佐料 •

白味噌－ 200 克、味酥－ 200c.c.
白胡麻醬－ 100 克、糖－ 1茶匙

• 作法 •

1　竹筍汆燙，熟後放涼並剖半。
2　將佐料攪拌均勻抹在竹筍上。
3　放入烤箱用 150 度烤 6 分鐘。
4　灑上松子即可。

Hot
Dishes

海藻膠加時蔬，鮮美清甜

歐洲莊園佐鮮筍烤串 |1人份|

這道菜設計的重點是能夠宴請客人的精緻前菜，烹煮的人可以事先
準備，漂亮呈現季節蔬菜的鮮美，十分討喜！

歐洲莊園

• 材料 •

a 果凍內的材料（1 份的量）
嫩白菜－1/4 葉或娃娃菜 1 葉
甜菜根細條－約 2 克
玉米筍－1/2 條
荸薺細條、蘋果細條－約 2 克
過貓－4 克

b 外層（可做約 8～10 份）
海藻膠－15～20 克
50c.c. 小紙杯－1 個
南瓜泥或者地瓜泥－約 50 克

c 醬料
白酒醋－20c.c.
美乃滋－5 克
黃芥末粒－1 小匙
醃黃瓜末－2 克
檸檬汁－2c.c.
鹽－5 克
糖－10 克

d 需燙熟至軟的配料
馬鈴薯丁－5 克
南瓜丁－5 克

• 作法 •

1 滾水，以微量海鹽和蘋果調味素調味，放入材料 a 煮熟，
   放涼後以娃娃菜葉將所有材料捲起，在旁待用。
2 海藻膠按照包裝說明，加水溶解後趁熱和南瓜泥混合，取
   一紙杯，放入步驟 1 蔬菜卷，緩緩倒入海藻膠和南瓜泥的
   混合物，放入冰箱涼凝固後，即可取出盛盤。
3 醬料方面，取一碗將 c 先混合均勻後，再加入材料 d 拌勻，
   即可佐餐使用！

• Tips •

1 海藻膠是東南亞常用材料，製作莊園外層時，膠狀物可能
   因品牌而異，建議先試驗一個看其凝結狀況，再決定要放
   的量。
2 食用方式：建議使用刀叉食用這道菜餚。

鮮筍烤串

• 材料 •

綠竹筍－60 克
蒟蒻圈－6 個
酥炸粉－20 克
竹籤－6 支

• 作法 •

1 整支綠竹筍燙熟後，剝殼後放入平底鍋乾燒烤至表面變為
   淡褐色，切片備用。
2 蒟蒻裹酥炸粉入鍋炸至金黃，以竹籤將筍片和蒟蒻圈串起
   即可。

加入多種時蔬的歐洲莊園烤串，滋味清爽。

湯品

"

出外工作以後總是懷念家裡暖胃的湯水，嚥下的每一口都充滿

家人的關懷。

馬上學會湯品食譜的料理，好好向至親表達愛意吧。

"

奶蛋

餛飩皮包南瓜泥，美味蔬料理

南瓜餃蔬菜清湯

| 湯 | 餃子 |
| 10 人份 | 20 人份 |

THOMAS CHIEN 法式餐廳

以顏色鮮黃的南瓜包進餃子，富含南瓜之維生素 A、B、C 及礦物質，可溶性纖維、葉黃素和磷、鉀、鈣、鎂、鋅、硅等微量元素，一口咬下散發南瓜香濃氣味營養十足。堅持不加進任何調味料熬煮高湯，能使清湯甘醇甜美，完全以自然蔬食養生概念熬煮而成，配上香濃營養南瓜餃子，清淡濃醇揉雜，口感豐富且健康。

• 南瓜餃材料 •

南瓜－ 500 克
奶油－ 50 克
餛飩皮－ 60 張

• 作法 •

1 南瓜切小片，與奶油放入鍋中，以小火炒至南瓜熟透。
2 放入調理機打成南瓜泥。
3 用餛飩皮將南瓜泥包起備用。

• 蔬菜清湯材料 •

白蘿蔔丁－ 150 克、紅蘿蔔丁－ 150 克、櫛瓜丁－ 150 克、西洋芹丁－ 150 克、甜豆仁－ 150 克、蔬菜高湯－ 2 公升

• 佐料 •

鹽－少許、胡椒－少許

• 作法 •

1 把所有蔬菜丁與蔬菜高湯放入鍋中煮開。
2 加入南瓜餃煮熟，調味即完成。

豆漿當濃湯底，清爽又健康

法式田園濃湯 |2 人份|

綠舍奇蹟健康蔬食

利用有機原味濃湯底，刻意避開牛奶、馬鈴薯，除能使患乳糖不耐症的牛奶過敏者，避開過敏原外，利用無糖豆漿之濃醇口感，更可以取代熱量較高的馬鈴薯，吃起來更無負擔。

• 材料•

洋蔥－半顆
無糖有機原味豆漿－ 500c.c.
中型蘑菇－ 5 顆
芹菜－少許
金針菇－ 1 小把
百里香－少許
綜合義式香料－適量
不含蛋奶及反式脂肪酸的全素
奶油－適量

• 佐料•

鹽－ 2 小匙、白胡椒粉－適量

• 作法•

1 洋蔥切丁、蘑菇切丁、金針菇切末用素奶油煸香。
2 豆漿、百里香加入步驟1食材一起拌煮約 10 分鐘，調味後撒上芹菜末與義式香料即可。

• Tips•

若買不到無蛋奶反式脂肪的全素奶油，可用葡萄籽油代替。注意步驟 2 需不停地攪拌湯底才不會焦鍋。

奶蛋

配料豐富的暖心湯品

玉米濃湯 |2人份|

赤崁璽樓

簡單食材簡單搭配,往往在最需要溫暖的時刻,隨手煮來即可上桌,溫暖你心。一道平常就喝得到的玉米濃湯,利用大量玉米、蘑菇切片、素火腿丁等食材放入湯中,就是一道營養的濃湯。

• 材料 •
玉米醬-5杓、玉米粒-4杓、蘑菇-1把、素火腿丁-1把、鮮奶油-2匙、馬鈴薯泥-一些許

• 作法 •
1 蘑菇斜刀片薄。
2 溶化奶油後,倒入低筋麵粉拌勻炒香。
3 倒入1/3鍋水和玉米醬、玉米粒,攪拌均勻後,倒入蘑菇、素火腿丁、鮮奶油和馬鈴薯泥,調味、攪拌均勻將水量加至八分(總水量約5000c.c.)煮滾即可。

湯中加蓮花，意象更深遠

翡翠蓮花澄清湯 │2～3人份│

淨水琉璃

八種甘甜食材熬煮成清甜高湯，其湯色熬煮中由無色轉橙橘，是大自然顏色的湯中渲染。不加任何化學調味劑，其製湯堅持精神，也宛如放入湯中蓮花一般，具有超然脫俗之靈魂。

• 蔬菜高湯材料•

高麗菜－1顆、白蘿蔔－1條、紅蘿蔔－3條、甜玉米－4條、乾香菇－1斤、乾金針花－半斤、昆布－1條、絲瓜－適量

• 湯品材料•

乾蓮花－1朵
竹笙－1條
黃金蟲草－適量

• 作法•

1 將蔬菜高湯的材料放入注入水的高湯桶中。
2 先開大火煮滾後轉小火續煮至食材軟爛。
3 將鍋內食材過濾乾淨。
4 竹笙用清水泡開後修剪整齊沖洗乾淨過水汆燙冰鎮備用。
5 將湯品材料放入碗中沖入滾沸的高湯即可。

• Tips•

步驟2湯在快要煮沸的邊緣時，即可轉小火，否則持續大火將使纖維散開、湯變濁。

笩白筍搭馬鈴薯，瑩白湯品誘人

金莎玉賜 | 2～3 人份 |

鈺善閣

俗稱「美人腿」的笩白筍，富有維生素C、草酸、草酸鈣、鉀、鈉等營養素，以中醫觀點具有清熱利濕、利尿的效果，很適合炎夏食用。利用營養更為豐富的笩白筍打成汁取代麵粉，能避開不符合天然概念的食品加工材料所帶來的人體傷害。

• 材料 •
笩白筍－ 500 克
馬鈴薯－ 100 克
腰果－ 20 克
水－ 800c.c.

• 佐料 •
糖－ 1 茶匙
鹽－ 1 茶匙

• 作法 •

1 將馬鈴薯小火慢慢炒香後，加入腰果及笩白筍一起小火炒，約 8 分鐘後加水，水滾後放涼。

2 冷卻後用果汁機打勻後即可。

皇帝豆去皮，嫩口美味

冬寶鮮湯 | 1～2 人份

鈺善閣

皇帝豆剝皮入湯，不僅能直接吃到豆內綿密軟爛的豆糜，讓湯也能
擁有濃郁口感；它富含營養，比大豆具更多種胺基酸，還有脂肪、
膳食纖維；其中鉀的含量更是遠超過許多蔬菜，絕是補血、補鈣、
補充營養的極好來源。

• 材料 •
皇帝豆－ 30 克
薑末－少許
香菜－少許

• 佐料 •
糖－ 10 克
鹽－ 10 克
昆布精－ 10 克
水－ 60c.c.

• 作法 •
1 皇帝豆去皮。
2 將皇帝豆及調味料一起放入鍋中，小火煮 25 分鐘。
3 加入薑末、香菜調味即可。

• Tips • 皇帝豆去皮，口感才會軟嫩。

根莖類熬高湯，湯頭甘美滋味好

百合蓮子腰果煲木瓜 | 2～3 人份

山外山創意料理蔬食餐廳

強調不加味素，遵循自然熬煮工法利用富含甜味的食材紅蘿蔔、白蘿蔔、玉米等食材，熬煮鮮甜高湯，減少化學調味劑對人體造成的傷害。而長相鮮潔明亮之百合，拿來料理竟富含秋水仙鹼、蛋白質、脂肪、鉀、食物纖維、維生素E、維生素C等營養，吃了可清心安神。

• 材料 •

新鮮百合－半個	紅肉木瓜－1／4個
新鮮蓮子－1.5兩	高湯－1.5斤
生腰果－1兩	紅棗－8顆
蓮藕片－6片	枸杞－15顆

• 佐料 •

冰糖、鹽、淡色醬油－各1小匙

• 作法 •

1 百合剝成片狀洗淨備用，蓮子、紅棗、腰果洗淨，蓮藕刮皮切薄片備用，木瓜削皮切塊狀備用。

2 取砂鍋加入高湯，先放入紅棗開火煮滾後，以微火上鍋蓋燜煮15分鐘後至紅棗漲起出味後，加入木瓜等各食材（百合不要放）。

3 煮滾後再蓋上鍋蓋，以微火慢燉約15鐘，再加入調味料及百合，續煮3分鐘，便可熄火上桌。

• Tips •

紅棗須先煮出味道來煲湯才更鮮甜，木瓜宜選長條尾尖者佳。

point

• 食材搭配術 •

蓮子和百合都具有安神作用，其色彩為白色，因此搭配紅肉木瓜，增進食慾。

遵循自然熬煮工法，不加化學調味劑，利用根莖類蔬食熬煮高湯，使湯頭鮮甜甘美。

以菇類烹調麻油湯，滑潤順口

養生麻油百菇湯 | 2～3 人份

芭舞巷‧花園咖啡

挑揀不論在口感或營養上皆勝過雞肉的各種菇類，製成麻油菇湯，讓飽含多醣體、蛋白質、纖維質、胺基酸，更蘊含維生素 B 群等菇族特色，充分發揮在湯品當中。此湯作法堅持不加味精，以各種甜味蔬菜熬煮八小時而成素高湯做為基底。

‧材料‧

杏鮑菇－ 2 支
鴻喜菇－半包
美白菇－半包
老薑片－1／3 根
胡麻油－ 60c.c.
米酒－ 100c.c.
素高湯－ 400c.c.（紅蘿蔔、玉米、白蘿蔔、高麗菜熬煮 8 小時）
枸杞－少許

‧作法‧

1 麻油與薑小火爆乾。
2 加入米酒素高湯後加入菇煮滾。
3 起鍋前 2 分鐘再加入枸杞即可。

point

‧食材搭配術‧

葷食常見麻油雞湯，這裡以菇類取代雞肉，菇類纖維極細，軟嫩口感煮湯一點都不輸雞肉。

堅持不加味精並以富營養的菇類取代雞肉，
深得愛健康之素食主義者的心。

何首烏加蔬菜，中藥更清甜

禪香 | 2～3 人份 |

▌山玥景觀餐廳

以山藥、洋地瓜、腰果等食材，加入以何首烏為首的中藥材燉製成湯，其中何首烏富含澱粉、粗脂肪、卵磷脂能增強免疫功能、延緩衰老；而此湯不添加糖、味精，等，純以利用自然烹煮方式，把食材的甘甜本質燉煮出來。

• 材料 •
山藥－ 80 克
洋地瓜－ 20 克
腰果－ 10 克

• 中藥材 •
何首烏－ 150 克
熟地－ 50 克
紅棗－ 30 克
枸杞－ 15 克
川芎、當歸、花旗蔘－各少許

• 佐料 •
鹽－適量

• 作法 •
把中藥材料燉出味道後，放入蔬菜蒸熟即可。

• Tips •
湯需小火熬方能保有香氣，至少需要 1 個半小時。

穀類精華留湯底，齒頰留香

滋養元氣湯 | 1 人份

糙薏仁又稱為紅薏仁，內涵蛋白質、醣類、脂質、膳食纖維，維生素 B1、B2，其中的薏仁脂還能消水腫、幫助消化。取穀物精華及天然食材加以提味，不以煎、炒、炸等重口味繁複烹煮，而以蒸籠清煙蒸煮，讓人們清淡入食補充食材原始營養。

・材料・
紅薏仁－300 克
糙米－150 克
青木瓜－1 塊
乾腰果－數顆
銀杏－數粒
竹笙－1 顆
當歸片－2～3 片
天麻片－1 片
（可至中藥行購買）

・佐料・
鹽巴－少許
味醂－少許
白胡椒－適量

・作法・

1 先將紅薏仁與糙米以水量 1500c.c. 小火熬煮至 3 小時，呈現水質帶點米白狀態後過濾備用。

2 紅薏仁、糙米、鹽巴、白胡椒等所有食材及佐料一同放入蒸籠蒸 1 小時半即可。

・Tips・

建議因應食材特性烹調，易熟嫩食材可晚點放，如青木瓜 20 至 30 分鐘即可熟透，腰果則需要花費 1.5 小時才能柔嫩入口。

點心

"

無論吃得多飽，只要聞到香甜的點心還有它視覺上的衝擊感，
總能瞬間攻佔你的心！點心料理帶領你走進這個幸福樂園，一
起沉醉在神搖目眩的氛圍。

"

芒果與草莓的沁涼甜湯

芒果鮮莓甜湯 | 6 人份 |

THOMAS CHIEN 法式餐廳

芒果營養豐富，清熱生津、解渴利尿，還有具有防止動脈硬化、抗癌、防止高血壓等多種功效。而草莓含鐵，可補血，更有勝過西瓜蘋果十倍豐富的維生素 C，兩者碰撞出清涼甜酸的美妙滋味，夏天來一杯，沁涼消暑，可以少吹一點冷氣，既可拯救北極熊又能滿足味蕾。

• 材料 •

芒果－ 1000 克
檸檬汁－ 10 克
鹽－少許
草莓－ 12 顆
薄荷葉－少許

• 作法 •

1 將芒果肉、檸檬汁、鹽放入果汁機打成泥狀，倒入盤中。
2 再將草莓、薄荷葉放置於芒果泥上，即完成。

• Tips •

芒果汁打完後，得過篩，才能呈現芒果甜湯的細緻口感，不會太過濃稠。

point

• 食材搭配術 •

金黃色的芒果和紅色草莓擺在一起，顏色相配；而綠色薄荷葉則為這道湯增添沁涼感。

芒果清熱生津，草莓酸甜補血，夏天來一杯最能解暑，沁涼入心，還可少吹冷氣為北極熊的生存盡綿薄之力。

植物界的膠原蛋白

冰糖宴窩 |1～2 人份|

綠舍奇蹟健康蔬食

自古便是保養聖方的冰糖燕窩，現在有更環保的做法了，以口感濃稠的白木耳替代珍貴難得的燕窩，是另一種愛地球的方式。白木耳，是植物界的膠原蛋白，富含膠質，可維持肌膚水分、增加保濕度，而龍眼乾與紅棗富含多種人體不可缺少的礦物質，一同熬煮，無需大啖燕子口水，一樣享有美顏功效。

• 材料 •

白木耳－ 100 克
龍眼乾－ 50 克
蓮子－ 50 克
紅棗－適量
鳳梨丁－適量
冰糖－ 50 克
水－ 1000c.c.

• 作法 •

1 200c.c. 的水與白木耳用果汁機打碎備用（不需打得太碎）。
2 紅棗洗淨切碎、龍眼乾與蓮子泡水洗淨加水與步驟 1 一起煮 10 分鐘，再將鳳梨丁、冰糖續煮 5 分鐘即可。

• Tips •

白木耳可煮久些會更濃稠、口感與燕窩相同。

point

• 食材搭配術 •

白木耳含豐富膠原蛋白，多吃可收養顏美容之效。一碗簡單的冰糖「宴」窩，加點紅棗既添營養又增色彩。

白木耳是植物界的膠原蛋白，與龍眼、紅棗一同熬煮，一樣享有燕窩級的美顏功效。

酒釀香、紅豆泥與南瓜甜

酒釀南瓜 |1 人份|

麟 Link の手創料理

常被人拿來做酒釀湯圓的酒釀，有豐胸、美白肌膚等效果，還可促進血液循環改善手腳冰冷；加上具有補血功效的紅豆，與甜蜜鬆軟、富含維生素 A 的南瓜，對眼睛的保健很有幫助，幾項材料都有益女性的身體保健，可說是女性滋補的聖品。

酒釀

• 材料 •

酒釀－ 400 克
水－ 6000c.c.
蛋－ 2 顆
砂糖－ 400 克

• 作法 •

1 水煮滾。
2 加入砂糖、酒釀勺芡。
3 開火，快速攪拌加入加入蛋液。

南瓜球

• 材料 •

南瓜泥－適量
紅豆沙－ 450 克
葛粉－ 65 克
牛奶－ 300c.c.

• 作法 •

1 南瓜泥跟牛奶以果汁機混合。
2 葛粉以少許牛奶攪勻加入步驟 1 再混合。
3 加熱攪拌 10 分鐘。
4 把保鮮膜鋪在容器上。
5 南瓜泥包進紅豆沙。
6 最後將南瓜球加入酒釀中即可食用。

• Tips •

南瓜泥加熱時要不停地攪拌以防燒焦。

酒釀香、南瓜甜、紅豆補血，健目養身，營養多元，是女性滋補的聖品。

197

黑糖淋綿密芋泥，不過甜的美味

黑糖蜜芋佐春雨 |1 人份

山玥景觀餐廳

當黑糖碰上綿密的芋泥與地瓜，除了入口不過甜的滋味，對身體也是默默盡心。含高纖維素的地瓜屬鹼性，可以中和人體內的酸，對消化很有幫助。而做為主角的芋頭同樣富含膳食纖維，更含瘦肉也有的鉀元素。

• 材料 •
地瓜春雨－適量
花生粉－適量
蜜紅豆－適量

• 佐料 •
黑糖－ 100 克
水－ 50 克調成黑糖蜜

• 作法 •
1　芋頭去皮切成片，蒸熟壓泥拌入少許糖，用挖球器挖成球形。
2　地瓜春雨泡水燙熟，放上芋泥球、灑上花生粉，放入密紅豆淋入黑糖蜜即可。

• Tips •
春雨要先泡水 1 小時，煮時才會軟。

point

• 食材搭配術 •
這道點心靈感來自黑糖挫冰，黑糖吃起來比較不那麼甜，帶有深度的甜味和芋泥滑順的口感甚至相配。

補氣綿密的芋泥，遇上可中和體內酸性的地瓜，淋上甜蜜的黑糖，便是一道美味又健康的甜點。

奶蛋

有機麵粉搭香蕉，當早餐也適合

香蕉鬆糕 | 10 人份 |

這款蛋糕不含奶、蛋，改以植物奶取代，甜份則使用日本甜菜糖。
植物奶成份來自黃豆、燕麥、堅果類等，含豐富蛋白質。而甜菜糖
則來自一種名為「甜菜」的植物，其肥大的根部含有許多糖份，可
用來製糖，甜菜糖顏色像二砂，且具有鮮味，加進料理中能提鮮度。

・材料・

a
無漂白、有機中筋麵粉－ 2 杯
小蘇打粉－ 1 小匙
無鋁泡打粉－ 1 / 2 小匙
海鹽－ 1 / 2 小匙

b
有機香蕉泥－ 250 克
有機植物奶－ 80 ～ 100c.c.
水－ 80 c.c.

c
植物油－ 90c.c.
日本甜菜糖－ 160 克

・作法・

1 將 a 和 b 分 3 次加入 c 之中拌勻。
2 倒入 8 吋烤模，以 180 度烤 15 至 20 分鐘即可。

・Tips・

麵糊攪拌完成後非常黏稠，屬正常現象，鋪平於烤模
上即可。

point

・食材搭配術・

無添加雞蛋和牛奶的香蕉鬆糕，口感紮實，香氣濃郁，香
蕉綿密的口感和天然甜菜根的糖份，也讓糕體更美味。

有機麵粉、甜菜根糖搭香蕉泥，無法抗拒的美味。

白芝麻點綴，地瓜更美味

拔絲地瓜 │4 人份│

┃ 水廣川精緻蔬食廚房

鮮黃的地瓜與蜜亮的糖液，勾勒出千絲萬縷的款款柔情，點綴香醇的白芝麻，入口便是說不盡的好味道。地瓜富含澱粉與膠質，營養充足，過去常做為平民主食，可助代謝、清理腸道，並清理微血管，幫助腸胃蠕動，且熱量低，不少人也以此為減肥聖品。

· 材料 ·

黃地瓜－ 600 克
酥炸糊－ 300 克
白芝麻－ 20 克

· 佐料 ·

水－ 150c.c.
糖－ 150 克

· 作法 ·

1 地瓜削皮洗淨後切滾刀（一口吃的大小）。
2 裹上酥炸糊放入油鍋以 180 度的油炸至金黃色，起鍋瀝油備用。
3 將水和糖 1：1 比例放入鍋內小火烹煮至水分收乾呈現黏稠狀。
4 關火，將地瓜放入鍋中拌至地瓜表面沾滿糖液，再淋上少許芝麻即可。

· Tips ·

打酥炸糊時可加一點沙拉油，炸起來會更酥脆。

point

· 食材搭配術 ·

紅地瓜與黃地瓜皆可做為食材，只是紅地瓜比黃地瓜水分多，炸起來易回軟。

地瓜富含澱粉與膠質，營養充足，以密亮的糖液點綴香醇的白芝麻，交織出百縷千絲的好滋味。

普洱加鮮奶，凍出好滋味

普洱茶凍 |1人份|

養心茶樓

大多人喜愛甜點，卻又擔憂甜蜜背後帶來的肥胖負荷。普洱茶與鮮奶都具有降低膽固醇的功效，有利減重，製成茶凍，清涼解膩，消暑利水，加上滑順的鮮奶，簡直絕配。普洱撞上鮮奶，凍出溫順好滋味，還可以打擊膽固醇，消暑解熱，肥胖掰掰。

• 材料 •
普洱－適量
鮮奶－適量

• 作法 •
1 普洱茶葉以泡茶方式，加水泡 30 分鐘。
2 加上細糖、洋菜使凝結。
3 結凍後淋上鮮奶即可。

point

• 食材搭配術 •
好的普洱茶具有降低膽固醇的功效，製成茶凍，滋味清爽，牛奶則為茶凍增添滑順滋味。

舌尖的綠色圓舞曲

薄荷蘋果汁 |1人份|

芭舞巷・花園咖啡

清涼薄荷常是入菜的提味配角，可解熱，治頭疼、牙床腫痛的症狀。
蘋果能治脾虛火盛，補中益氣，配上營養價值絕佳的奇異果，三者
打成汁，涼、甜、酸的圓舞曲就在味蕾中盛放，不需要加糖就很可口，
添加薄荷則能帶來沁涼感，讓飲品更適口。

• 材料 •

新鮮薄荷葉－ 15 片
蘋果－半顆
奇異果－ 1/4 顆
冰塊－ 10 顆
蜂蜜－ 10c.c.
水－ 120c.c.

• 作法 •

1　新鮮薄荷葉、蘋果塊、去皮奇
　　異果、冰塊、蜂蜜、水加入果
　　汁機約 30 秒即可。
2　在飲料上輕輕放上薄荷葉做為
　　裝飾。

芒果搭檸檬，調出酸甜西米露

夏豔水果米露 1～2 人份

綠舍奇蹟健康蔬食

豔夏炎炎，多彩的水果飲品最是沁涼入心，除了常見的果汁，具有
飽足口感的西米露，也是夏日飲冰的好選擇，一次補足熱門水果：
芒果和檸檬可潤澤皮膚、鳳梨可美白，百香果更可清腸開胃，打成
果泥搭配西米露的粒粒分明的口感，酸甜的滋味融合在一起，一口
飲盡豐富的纖維與維生素。

• 材料 •

愛文芒果－ 1 顆半
芒果丁－適量
鳳梨－ 1/4 片
鳳梨丁－適量
百香果－ 1 顆
檸檬－ 1 顆
西米露－ 100 克
冰糖－ 60 克
水－ 1000c.c.

• 作法 •

1 芒果、鳳梨加 100cc 水用果汁機打成果泥。
2 水滾加入西米露邊煮邊攪拌約 15 ～ 20 分鐘，瀝乾再泡冰
　水冰鎮 5 分鐘。
3 將步驟 1 的果泥與 900c.c. 的水煮滾，加入冰糖拌勻放涼
　後再加入水果丁（百香果、檸檬汁）與步驟 2 的西米露即
　可完成。

• Tips •

要快速降溫食材可用冰塊冰鎮、喜歡椰奶口味可依個人喜好
添加。

多種水果加上西米露，沁涼且營養，酸甜的滋味融合在一起，給人無比幸福的感受。

蔬 食 主 義

名店主廚的 100 道蔬食盛宴

國家圖書館出版品預行編目 (CIP) 資料

蔬食主義：名店主廚的 100 道蔬食盛宴 / La Vie
編輯部作. -- 初版. -- 臺北市：麥浩斯出版：家庭傳
媒城邦分公司發行, 2016.07
　面；23x17cm 公分
ISBN 978-986-408-181-3(平裝)
1. 素食食譜
427.31　　　　　　　　　　　　105011041

作者　　　　La Vie 編輯部
攝影　　　　楊佳穎 · 蔡嘉瑋 · 杜建億 · MOMO
責任編輯　　張素雯
編輯助理　　倪焯琳 · 陳詩雅 · 陳欣妤
美術設計　　郭家振

發行人　　　　何飛鵬
事業群總經理　李淑霞
副社長　　　　林佳育
出版　　　　　城邦文化事業股份有限公司　麥浩斯出版
E-mail　　　　cs@myhomelife.com.tw
地址　　　　　104 台北市中山區民生東路二段 141 號 6 樓
電話　　　　　02-2500-7578
發行　　　　　英屬蓋曼群島商家庭傳媒股份有限公司城邦分公司
地址　　　　　104 台北市中山區民生東路二段 149 號 10 樓

讀者服務專線　0800-020-299（09:30-12:00; 13:30-17:00）
讀者服務傳真　02-2517-0999
讀者服務信箱　Email: csc@cite.com.tw
劃撥帳號　　　1983-3516
劃撥戶名　　　英屬蓋曼群島商家庭傳媒股份有限公司城邦分公司
香港發行　　　城邦（香港）出版集團有限公司
地址　　　　　香港灣仔駱克道 193 號東超商業中心 1 樓
電話　　　　　852-2508-6231
傳真　　　　　852-2578-9337
馬新發行　　　城邦（馬新）出版集團 Cite（M）Sdn. Bhd.（458372U）
地址　　　　　11, Jalan 30D/146, Desa Tasik, Sungai Besi, 57000 Kuala Lumpur, Malaysia.
電話　　　　　603-90563833
傳真　　　　　603-90562833
總經銷　　　　聯合發行股份有限公司
電話　　　　　02-29178022
傳真　　　　　02-29156275

製版印刷　　　凱林彩印股份有限公司
定價　　　　　新台幣 350 元／港幣 117 元
2016 年 7 月初版 1 刷
2022 年 9 月初版 4 刷 · Printed In Taiwan
ISBN 978-986-408-181-3(平裝)

※ 本書為原書名《日日料理蔬：名店主廚教你做！豐富感蔬食食譜 102 道》暢銷改版，
書中收錄食譜為店家特別針對本書製作，店內不一定販售。